21世纪高等学校计算机
应用技术系列教材

Python
入门实战教程

◎ 刘彩虹 郭旭 主编

U0286730

清华大学出版社
北京

内 容 简 介

本书篇幅精炼,摒弃了繁杂的原理性描述,精选丰富的案例和上机实验,将重点聚焦于"快速使用Python解决实际开发问题"。

本书以 10 章的篇幅介绍 Python 语言特点及环境安装、Python 程序设计基础、Python 序列的常用类型特点及使用方法、字符串与正则表达式、程序控制结构、函数设计与使用、面向对象程序设计、文件操作、科学计算与数据分析以及上述内容的上机实验。

本书案例均在 Windows 7 操作系统和 Python 2.7.13 环境下实现。

本书集教材、实验指导、习题册于一体,结构清晰、图文结合,易学易懂,可作为本科高校计算机专业基础课程、选修课程的教材,也可作为 Python 爱好者的参考书。

图书在版编目(CIP)数据

Python 入门实战教程/刘彩虹,郭旭主编.—北京:清华大学出版社,2021.6
21 世纪高等学校计算机应用技术系列教材
ISBN 978-7-302-54128-8

Ⅰ.①P⋯ Ⅱ.①刘⋯ ②郭⋯ Ⅲ.①软件工具-程序设计-高等学校-教材 Ⅳ.①TP311.561

中国版本图书馆 CIP 数据核字(2019)第 246813 号

责任编辑:贾 斌 薛 阳
封面设计:刘 键
责任校对:徐俊伟
责任印制:朱雨萌

出版发行:清华大学出版社
　　　　网　　　址:http://www.tup.com.cn,http://www.wqbook.com
　　　　地　　　址:北京清华大学学研大厦 A 座　　　　邮　　编:100084
　　　　社 总 机:010-62770175　　　　邮　　购:010-83470235
　　　　投稿与读者服务:010-62776969,c-service@tup.tsinghua.edu.cn
　　　　质量反馈:010-62772015,zhiliang@tup.tsinghua.edu.cn
　　　　课件下载:http://www.tup.com.cn,010-83470236
印 装 者:大厂回族自治县彩虹印刷有限公司
经　　销:全国新华书店
开　　本:185mm×260mm　　印　张:15.75　　　　字　　数:394 千字
版　　次:2021 年 8 月第 1 版　　　　　　　　印　　次:2021 年 8 月第 1 次印刷
印　　数:1~1500
定　　价:49.00 元

产品编号:077972-01

编审委员会成员

（按地区排序）

浙江大学	吴朝晖	教授
	李善平	教授
扬州大学	李　云	教授
南京大学	骆　斌	教授
	黄　强	副教授
南京航空航天大学	黄志球	教授
	秦小麟	教授
南京理工大学	张功萱	教授
南京邮电学院	朱秀昌	教授
苏州大学	王宜怀	教授
	陈建明	副教授
江苏大学	鲍可进	教授
武汉大学	何炎祥	教授
华中科技大学	刘乐善	教授
中南财经政法大学	刘腾红	教授
华中师范大学	叶俊民	教授
	郑世珏	教授
	陈　利	教授
江汉大学	颜　彬	教授
国防科技大学	赵克佳	教授
中南大学	刘卫国	教授
湖南大学	林亚平	教授
	邹北骥	教授
西安交通大学	沈钧毅	教授
	齐　勇	教授
长安大学	巨永峰	教授
哈尔滨工业大学	郭茂祖	教授
吉林大学	徐一平	教授
	毕　强	教授
山东大学	孟祥旭	教授
	郝兴伟	教授
中山大学	潘小轰	教授
厦门大学	冯少荣	教授
仰恩大学	张思民	教授
云南大学	刘惟一	教授
电子科技大学	刘乃琦	教授
	罗　蕾	教授
成都理工大学	蔡　淮	教授
	于　春	讲师
西南交通大学	曾华燊	教授

出版说明

随着我国改革开放的进一步深化,高等教育也得到了快速发展,各地高校紧密结合地方经济建设发展需要,科学运用市场调节机制,加大了使用信息科学等现代科学技术提升、改造传统学科专业的投入力度,通过教育改革合理调整和配置了教育资源,优化了传统学科专业,积极为地方经济建设输送人才,为我国经济社会的快速、健康和可持续发展以及高等教育自身的改革发展做出了巨大贡献。但是,高等教育质量还需要进一步提高以适应经济社会发展的需要,不少高校的专业设置和结构不尽合理,教师队伍整体素质亟待提高,人才培养模式、教学内容和方法需要进一步转变,学生的实践能力和创新精神亟待加强。

教育部一直十分重视高等教育质量工作。2007 年 1 月,教育部下发了《关于实施高等学校本科教学质量与教学改革工程的意见》,计划实施“高等学校本科教学质量与教学改革工程(简称‘质量工程’)”,通过专业结构调整、课程教材建设、实践教学改革、教学团队建设等多项内容,进一步深化高等学校教学改革,提高人才培养的能力和水平,更好地满足经济社会发展对高素质人才的需要。在贯彻和落实教育部“质量工程”的过程中,各地高校发挥师资力量强、办学经验丰富、教学资源充裕等优势,对其特色专业及特色课程(群)加以规划、整理和总结,更新教学内容、改革课程体系,建设了一大批内容新、体系新、方法新、手段新的特色课程。在此基础上,经教育部相关教学指导委员会专家的指导和建议,清华大学出版社在多个领域精选各高校的特色课程,分别规划出版系列教材,以配合“质量工程”的实施,满足各高校教学质量和教学改革的需要。

本系列教材立足于计算机公共课程领域,以公共基础课为主、专业基础课为辅,横向满足高校多层次教学的需要。在规划过程中体现了如下一些基本原则和特点。

(1)面向多层次、多学科专业,强调计算机在各专业中的应用。教材内容坚持基本理论适度,反映各层次对基本理论和原理的需求,同时加强实践和应用环节。

(2)反映教学需要,促进教学发展。教材要适应多样化的教学需要,正确把握教学内容和课程体系的改革方向,在选择教材内容和编写体系时注意体现素质教育、创新能力与实践能力的培养,为学生的知识、能力、素质协调发展创造条件。

(3)实施精品战略,突出重点,保证质量。规划教材把重点放在公共基础课和专业基础课的教材建设上;特别注意选择并安排一部分原来基础比较好的优秀教材或讲义修订再版,逐步形成精品教材;提倡并鼓励编写体现教学质量和教学改革成果的教材。

(4)主张一纲多本,合理配套。基础课和专业基础课教材配套,同一门课程可以有针对不同层次、面向不同专业的多本具有各自内容特点的教材。处理好教材统一性与多样化,基本教材与辅助教材、教学参考书,文字教材与软件教材的关系,实现教材系列资源配套。

（5）依靠专家，择优选用。在制定教材规划时依靠各课程专家在调查研究本课程教材建设现状的基础上提出规划选题。在落实主编人选时，要引入竞争机制，通过申报、评审确定主题。书稿完成后要认真实行审稿程序，确保出书质量。

繁荣教材出版事业，提高教材质量的关键是教师。建立一支高水平教材编写梯队才能保证教材的编写质量和建设力度，希望有志于教材建设的教师能够加入到我们的编写队伍中来。

21世纪高等学校计算机应用技术规划教材

联系人：魏江江 weijj@tup.tsinghua.edu.cn

前　言

Python 语言是一种解释型、面向对象的程序设计语言,广泛用于计算机程序设计教学、科学计算等,特别适用于快速的应用程序开发,深受开发者的喜爱。

本书严格控制篇幅,力求短小精悍。内容的选取以实用为主,将编程理论与实例、案例、上机实验有机结合,启发读者应用理论完成实际开发。本教程的目标是为读者提供一个快速学习 Python 语言的途径,使入门者阅读后能够立刻上手,具备开发能力,体会程序设计的实际应用。

全书共分为 10 章,内容包括:Python 开发入门、Python 程序设计基础、Python 序列、字符串与正则表达式、程序控制结构、函数设计与使用、面向对象程序设计、文件操作、科学计算与数据分析、上机实验。本书的特点是先用精简的篇幅、通俗易懂的文字描述知识点的原理,然后通过实例逐步展开具体内容,再通过精选案例加强读者对知识点的理解,最后通过上机实验强化读者的开发能力。

提供本书初稿的有:刘彩虹(第 1～5 章、第 7 章,第 9 章,第 10 章实验 1～实验 3),郭旭(第 6 章,第 8 章,第 10 章实验 4～实验 8)。

本书的特点如下:

(1) 本书以零基础为起点,由浅入深、循序渐进地向读者介绍 Python 程序设计语言的方法和思想,全书各章节选用丰富的程序设计语言实例来讲解基本概念和程序设计方法,同时配有大量习题供读者练习。

(2) 本书尊重知识的循序渐进,根据实验分析其功能,将相关知识点分解到实验中,让读者通过对实验的分析和实现来掌握相关理论知识,强调对解决实际问题技能的培养。

(3) 本书对 Python 典型的模块进行拓展介绍,为读者进行数据挖掘及机器学习打下坚实基础,提升解决实际问题的能力。

(4) 本书编写团队为长期从事教学与科研工作的一线教师,团队的理论功底扎实,实践经验丰富,已完成多项教学改革、人才培养项目,能够保证教材的知识性、理论性、实践性和创新性。

本书在编写过程中,得到了祁瑞华教授的支持、帮助和指点,在此表示衷心的感谢。由于时间仓促,加之编者学识水平有限,书中难免存在不足甚至谬误之处,恳请读者就本书中的有关内容提出批评和建议,同时要感谢出版社的编辑和老师们的大力协助。

本书也是校企合作的成果之一,面向整个工作流程和场景,将 IT 专业的社会需求所包括的语言技能、专业知识、职业素养有机地整合到一起,做到了将学习需求与社会需求相结合,教学理论与社会实践相结合。校企合作编写组成员包括李鸿飞、祁瑞华、刘强、祁彦伟、牟宁。

本书的出版是"2016 年辽宁省转型发展试点专业建设"的成果之一。我校专业共建合作伙伴——国际商业机器全球服务(大连)有限公司、埃森哲信息技术(大连)有限公司、大连华信计算机技术股份有限公司提出很多参考意见,在此一并谢过!

编　者

2020 年 3 月

目 录

第1章　Python 开发入门 ··· 1

1.1　Python 简介 ··· 1

1.1.1　Python 语言的特点 ··· 1

1.1.2　Python 程序的书写规范 ·· 2

1.1.3　Python 的版本选择 ··· 2

1.1.4　Python 的应用领域 ··· 3

1.2　Python 程序设计环境的安装与设置 ·································· 4

1.2.1　Python 的安装与简单实用 ······································ 4

1.2.2　Anaconda 开发环境 ·· 9

习题1 ·· 16

第2章　Python 程序设计基础 ··· 17

2.1　常量和变量 ·· 17

2.1.1　常量 ··· 17

2.1.2　变量 ··· 18

2.1.3　常量与变量的数据类型转换 ·································· 20

2.1.4　案例精选 ··· 22

2.2　运算符与表达式 ·· 22

2.2.1　算术表达式 ··· 22

2.2.2　关系表达式 ··· 24

2.2.3　逻辑表达式 ··· 25

2.2.4　案例精选 ··· 26

习题2 ·· 26

第3章　Python 序列 ··· 29

3.1　列表与列表推导式 ·· 29

3.1.1　列表的创建与删除 ··· 30

3.1.2　列表元素的增加 ··· 32

3.1.3　列表元素的删除 ··· 34

3.1.4　列表元素访问与计数 ··· 34

3.1.5　成员资格判断 ··· 35

3.1.6　切片操作 ··· 36

    3.1.7 列表排序 ··· 37
    3.1.8 列表推导式 ··· 39
    3.1.9 案例精选 ··· 40
  3.2 元组与生成器推导式 ·· 41
    3.2.1 元组的创建与删除 ··· 41
    3.2.2 元组的基本操作 ··· 42
    3.2.3 元组与列表的区别 ··· 43
    3.2.4 生成器推导式 ··· 44
  3.3 字典 ··· 45
    3.3.1 字典创建与删除 ··· 45
    3.3.2 访问字典的键和值 ··· 46
    3.3.3 字典元素的添加与修改 ····································· 47
    3.3.4 字典可用的函数与方法 ····································· 47
    3.3.5 案例精选 ··· 52
  3.4 集合 ··· 53
    3.4.1 集合的定义 ··· 53
    3.4.2 集合的基本操作 ··· 54
    3.4.3 集合可用的操作符 ··· 55
    3.4.4 案例精选 ··· 57
  习题 3 ·· 58

第 4 章 字符串与正则表达式 ·· 60

  4.1 字符串 ·· 60
    4.1.1 字符串常量 ··· 60
    4.1.2 字符串的转义符 ··· 61
    4.1.3 字符串的基本操作 ··· 61
    4.1.4 字符串方法 ··· 62
    4.1.5 字符串的格式化 ··· 69
    4.1.6 案例精选 ··· 72
  4.2 正则表达式 ·· 73
    4.2.1 简单的正则表达式 ··· 73
    4.2.2 re 模块主要方法 ·· 75
    4.2.3 使用正则表达式对象 ······································· 77
    4.2.4 子模式与 match 对象 ······································ 77
    4.2.5 案例精选 ··· 78
  习题 4 ·· 79

第 5 章 程序控制结构 ··· 81

  5.1 条件表达式 ·· 81

5.2 顺序结构 ……………………………………………………………… 82

　　5.2.1 赋值语句 ……………………………………………………… 82

　　5.2.2 基本输入输出 ………………………………………………… 83

　　5.2.3 案例精选 ……………………………………………………… 84

5.3 选择结构 ……………………………………………………………… 85

　　5.3.1 单分支选择结构 ……………………………………………… 85

　　5.3.2 双分支选择结构 ……………………………………………… 86

　　5.3.3 多分支选择结构 ……………………………………………… 87

　　5.3.4 if 语句和 if…else 语句的嵌套形式 ………………………… 88

　　5.3.5 案例精选 ……………………………………………………… 89

5.4 循环结构 ……………………………………………………………… 91

　　5.4.1 while 语句 …………………………………………………… 91

　　5.4.2 for 语句 ……………………………………………………… 93

　　5.4.3 多重循环 ……………………………………………………… 94

　　5.4.4 break、continue、pass、else 语句 ………………………… 95

　　5.4.5 案例精选 ……………………………………………………… 97

习题 5 ……………………………………………………………………… 97

第 6 章　函数设计与使用 …………………………………………………… 100

6.1 自定义函数 …………………………………………………………… 100

　　6.1.1 定义函数 ……………………………………………………… 100

　　6.1.2 调用函数 ……………………………………………………… 101

　　6.1.3 默认参数 ……………………………………………………… 101

　　6.1.4 位置参数和关键字参数 ……………………………………… 102

　　6.1.5 值传递和引用传递 …………………………………………… 102

　　6.1.6 返回值 ………………………………………………………… 103

　　6.1.7 lambda 表达式 ……………………………………………… 103

　　6.1.8 案例精选 ……………………………………………………… 105

6.2 内建函数 ……………………………………………………………… 105

　　6.2.1 内建函数 ……………………………………………………… 105

　　6.2.2 案例精选 ……………………………………………………… 106

6.3 模块 …………………………………………………………………… 107

　　6.3.1 创建模块 ……………………………………………………… 107

　　6.3.2 import 语句 …………………………………………………… 107

　　6.3.3 导入自定义模块 ……………………………………………… 108

　　6.3.4 自定义包 ……………………………………………………… 109

　　6.3.5 案例精选 ……………………………………………………… 110

习题 6 ……………………………………………………………………… 111

第 7 章　面向对象程序设计 ···································· 115

7.1　类的定义与使用 ·· 116

7.1.1　定义类 ·· 116

7.1.2　使用类 ·· 117

7.2　类的属性 ·· 117

7.2.1　公有和私有属性 ·· 117

7.2.2　name mangling ·· 118

7.2.3　实例属性和类属性 ·· 119

7.2.4　类的内置属性 ·· 120

7.3　方法 ·· 121

7.3.1　实例方法和 self 参数 ······································ 121

7.3.2　类方法和 cls 参数 ·· 122

7.3.3　静态方法 ·· 123

7.3.4　构造方法和析构方法 ······································ 123

7.4　继承 ·· 124

7.4.1　简单继承 ·· 124

7.4.2　私有属性和方法 ·· 125

7.4.3　方法重写 ·· 126

7.4.4　多重继承 ·· 126

习题 7 ·· 127

第 8 章　文件操作 ·· 130

8.1　文件和 file 对象 ·· 130

8.1.1　打开文件 ·· 130

8.1.2　file 对象的方法 ·· 131

8.1.3　file 对象的属性 ·· 133

8.1.4　案例精选 ·· 133

8.2　文件系统和相关模块 ·· 133

8.2.1　os 模块 ·· 133

8.2.2　os. path 模块 ·· 137

8.2.3　shutil 模块 ·· 137

8.2.4　案例精选 ·· 139

习题 8 ·· 140

第 9 章　科学计算与数据分析 ·· 143

9.1　数据处理库 Numpy ·· 143

9.1.1　ndarray 对象 ·· 143

9.1.2　ufunc 对象 ·· 148

　　　　9.1.3　庞大的函数库 ……………………………………………… 150

　　9.2　数据分析库 Pandas ………………………………………………… 157

　　　　9.2.1　Series 对象 …………………………………………………… 157

　　　　9.2.2　DataFrame 对象 ……………………………………………… 159

　　　　9.2.3　基本功能 ……………………………………………………… 162

第 10 章　上机实验 …………………………………………………………… 171

　　实验 1　开始 Python 编程 ……………………………………………… 171

　　实验 2　Python 函数基础 ……………………………………………… 172

　　实验 3　程序结构控制 …………………………………………………… 174

　　实验 4　Python 面向对象程序设计 …………………………………… 176

　　实验 5　Python 模块 …………………………………………………… 184

　　实验 6　io 操作 ………………………………………………………… 195

　　实验 7　引入第三方库 …………………………………………………… 205

　　　　实验 7.1　安装第三方库 …………………………………………… 205

　　　　实验 7.2　NLTK-自然语言处理 …………………………………… 206

　　　　实验 7.3　自动文摘系统 …………………………………………… 210

　　实验 8　图形用户界面编程 ……………………………………………… 219

　　　　实验 8.1　Tkinter 模块 …………………………………………… 219

　　　　实验 8.2　PIL 库 …………………………………………………… 222

　　　　实验 8.3　图像处理系统 …………………………………………… 224

附录 A　各章习题参考答案 ………………………………………………… 233

参考文献 ……………………………………………………………………… 236

Python开发入门

Python 是一种解释型、面向对象、动态数据类型的高级程序设计语言。从 20 世纪 90 年代初诞生至今,它逐渐被广泛应用于处理系统管理任务和开发 Web 系统。目前,Python 已经成为最受欢迎的程序设计语言之一。

 ## 1.1 Python 简介

Python 语言简洁易读、可扩展性好,用 Python 做科学计算的研究机构日益增多,Python 专用的科学计算扩展库十分丰富,例如经典的科学计算扩展库 Numpy,数据分析扩展库 Pandas,自然语言处理库 NLTK,机器学习扩展库 Scikit-Learn 等,因此,Python 语言及其众多的扩展库所构成的开发环境十分适合工程技术及科研人员处理实验数据、制作图表,甚至开发科学计算应用程序。

1.1.1 Python 语言的特点

Python 语言的特点如下:

(1) Python 语言简洁,语法约束少,编写程序时接近人类自然语言的形式,不会像其他语言那样有一个小小的语法错误,程序就不能运行,让编写者长时间纠结在语法排错上。

(2) Python 语言具有丰富的数据结构(类型)。Python 语言在多数程序设计语言的基础上增加了列表、字典、元组、集合等数据结构,同时,对数字类型数据在表达范围和表达方法上进行扩充、修改补充,从而使数字的计算不受所属类型的存储位数的限制,可以精确地计算其结果。

(3) Python 语言可读性强。通过强制缩进,保证程序的可读性。

(4) Python 语言具有可移植。Python 语言的标准实现是由可移植的 ANSI C 编写的,可以在目前所有的主流平台上编译和运行,例如,从 PDA 到超级计算机,到处可以见到 Python 语言的身影。

除了语言解释器本身以外,Python 语言发行时自带的标准库和模块在实现上也都尽可能地考虑到了跨平台的移植性。此外,Python 程序自动编译成可移植的字节码,这些字节码在已安装兼容版本 Python 的平台上运行的结果都是相同的,这意味着 Python 程序的核心语言和标准库可以在 Linux、Windows 和其他带有 Python 语言解释器的平台无差别地运行。

(5) Python 语言支持面向过程,同时支持面向对象,支持灵活的编程模式。

（6）Python 的使用是完全免费的。就像其他的开源软件一样，可以从 Internet 上免费获得 Python 语言的源代码，可以复制，可以将其嵌入某系统随产品一起发布，没有任何限制。

基于以上几个原因，选用 Python 作为初学或日后就业用的程序设计语言，或是让工作以及生活中的事务处理自动化（自动查找数据、自动过滤文件、批量整理文件、定期检查相关数字等），都是明智的选择。

1.1.2　Python 程序的书写规范

本节基于以下案例介绍 Python 的书写规范。

例 1-1　计算圆的面积。

```
1. 编写程序,输入圆的半径,计算并输出圆的面积。
2.
3. def area(r):
4.     s = 3.14159 * r * r
5.     return s
6. print area(6)
```

第一行是程序的注释行。第 3～5 行定义了一个根据圆的半径计算其面积的函数，第 6 行使用一个 print 函数输出一个半径为 6 的圆的面积，该程序以 .py 扩展名保存。

（1）缩进。Python 程序是依靠代码块的缩进来体现代码之间的逻辑关系的，对于类定义、函数定义、选择结构、循环结构以及异常处理结构来说，行尾的冒号以及下一行的缩进表示一个代码块的开始，而缩进结束，这表示一个代码快结束了，在编写程序时，同一个级别的代码块的缩进量必须相同。

（2）注释。注释对于程序理解和团队合作开发具有非常重要的意义。据统计，一个可维护性和可读性都很强的程序一般会包含 30% 以上的注释。Python 中常用的注释方式主要有两种。

① 以符号 ♯ 开始，表示本行 ♯ 之后的内容为注释。

② 包含在一对三引号（'''…'''）或（"""…"""）之间且不属于任何语句的内容将被解释器认为是注释。

（3）空行与空格问题。在书写赋值语句或表达式时，建议在赋值运算符（＝）、比较运算符（＝＝，＞，＜，！＝，＜＞，＜＝，＞＝，in，not in，is，is not）、布尔运算符（and，or，not）等两边各置一个空格。

用两行空行分隔顶层函数和类的定义，类内方法、函数的定义用单个空行分隔。

（4）语句过长使用续行符。一行代码的长度一般不超过 80 个字符，如果实际代码太长，可以在行尾使用续行符"\"来表示下面紧接的行仍属于当前语句，但是一般建议使用括号来包含多行内容。

1.1.3　Python 的版本选择

目前比较流行的 Python 的版本包括 Python 2.x 和 Python 3.x，同时，大部分 Python 库都同时支持这两个版本。但是 Python 3.x 基于性能优化等相关问题的考虑，决定不完全向下兼容 Python 2.x，这使得有一些 Python 2.x 的程序和链接库模块在 Python 3.x 中无法顺利执行。另外 Python 在 Python 2. x 时期就已经非常受欢迎,以至于成为许多系统的组件之一。目前,大部分的系统内建的版本还是 Python 2. x,随意更新版本的话,会造成一些操作系统的程序无法正常运行,也就是说,Python 2. x 的程序仍然可以持续使用很长一段时间,如果要执行 Python 3. x 版程序,那么大部分的操作系统都要另外再安装 Python 3. x 才行,但是对于初学者来说,会用到 Python 2. x 和 Python 3. x 的不同地方有限,因此笔者的建议是 Python 2. x,本书使用到的所有案例均以 Python 2.7.13 为基础编写,本书中大部分的差别只在于 print 这条指令,Python 3. x 有括号,而 Python 2. x 则没有括号。

例 1-2 Python 2. x 和 Python 3. x 中 print 指令的区别。

```
>>> from platform import python_version
>>> print 'Python', python_version()
>>> Python 2.7.13
>>> print "你好,我是 Python 2"
你好,我是 Python 2
>>> print("你好,我是 Python 3 ")
你好,我是 Python 3
```

本书使用 Python 2.7.13 作为开发环境。读者可以在官网 http://www. python. org 上查看关于版本的最新消息。

1.1.4 Python 的应用领域

Python 的应用领域十分广泛,包括操作系统工具、网站后台、科学计算、网络数据收集与分析、大数据分析图像处理、游戏软件、虚拟机部署运用、软件测试、自动文件处理等,Python 在各领域的应用角色几乎是没有限制的,程序可大可小,可以是解释器完成的短短的几行程序(例如找出硬盘中所有重复的图像文件,并加以分类整理,或是为所有的图像文件加上水印的),也可以是一个完整的正式运营的商业网站或是实验室里面的一个大型科学实验计划。

1. 目前使用 Python 语言的企业众多

(1)著名的 Google 公司在其网络搜索系统中广泛应用 Python 语言,同时还聘用了 Python 之父(Guido van Rossum)。

(2)国外知名视频分享网站 YouTube 的一些重要的服务也都是用 Python 编写的程序。

(3)P2P 文件分享系统 Bittorrent 采用 Python 开发。

(4)Intel 和 IBM 也都使用 Python 进行硬件测试。

(5)经济市场预测领域也能看到 Python 的身影,如 JPMorgan Chase、UBS、Getco 和 Citadel 的使用 Python。

(6)科技含量高的领域也有 Python 语言的身影,例如 NASA、Los Alamos、Fermilab、JPL 等使用 Python 完成科学计算任务。

(7)IRobot 公司使用 Python 开发了商业机器人真空吸尘器。

(8)业界领先的互联网信息安全产品提供商 IronPort,也在电子邮件服务器产品中使用了超过 100 万行的 Python 代码实现其工作。

2．Python 在图形接口领域也很受欢迎

Python 语言的简洁以及较短的开发周期，让它十分适合开发 GUI 程序。内置 TKinter 的标准面向对象接口 Tk GUI API，使 Python 程序可以生成可移植的本地观感的 GUI。

3．Python 也是一个很不错的脚本

因为 Python 提供了标准 Internet 模块，所以能够广泛地在多种网络任务中发挥作用，无论是在服务器端还是在客户端都是如此。

4．数据库编程方面 Python 语言也很强大

Python 语言对传统的数据库需求提供了对所有主流关系数据库系统的接口，例如 Sybase、ODBC、MySQL、PostgreSQL、SQLite、Oracle、Informix 等。

Python 编程语言应用领域非常广泛，体现了 Python 在计算机语言中占有很重要的地位。

1.2　Python 程序设计环境的安装与设置

1.2.1　Python 的安装与简单实用

1. Python 的安装

Python 的安装很简单，以 Windows 操作系统为例，具体如下：

（1）打开 Web 浏览器访问 http://www.python.org，单击 Download 链接。

（2）在编写此书时，Python for Windows 有两个最新版本，Python 2.x 系列的最新版本为 Python 2.7.13，Python 3.x 系列的最新版本为 Python 3.6.2，如图 1-1 所示。读者看到的内容也许会略有不同，本书内容基于 Python 2.7.13。

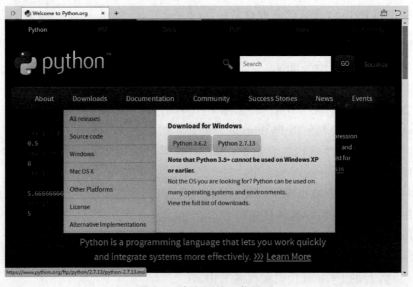

图 1-1　官方网站下载界面

（3）单击 Python 2.7.13 按钮,下载得到 python-2.7.13.msi。双击 python-2.7.13.msi,即可按照向导安装 Python 2.7.13。

Python 2.7.13 的默认安装目录为 C:/Python27。安装完成后,将 C:/Python27 添加到环境变量 Path 中。Windows 系统下添加环境变量的方法如下:

（1）右击桌面上的“计算机”标签,在弹出的快捷菜单中选择“属性”选项,打开如图 1-2 所示的界面。

图 1-2　“属性”选项卡

（2）单击对话框左侧的“高级系统设置”,弹出如图 1-3 所示的对话框。

（3）单击“环境变量”按钮,弹出如图 1-4 所示的对话框。

图 1-3　“系统属性”对话框

图 1-4　“环境变量”对话框

（4）在对话框中的“系统变量”中新建 PYTHON_HOME,并在“变量值”中输入 Python 安装的路径,例如 Python 安装路径为默认的 c:/Python27,如图 1-5 所示,单击“确定”按钮。

（5）再在“系统变量”中找到 Path 变量,在变量值中输入“％PYTHON_HOME％;％PYTHON_HOME％\Tools\Scripts;”,如图 1-6 所示。

图 1-5　新建用户变量　　　　　　　　　图 1-6　编辑系统变量

这样,Python 环境变量设置完成,下面来检测是否配置成功。

(1) 在"开始"菜单中选择"运行"选项,如图 1-7 所示。

(2) 在打开的对话框中输入"cmd",如图 1-8 所示。

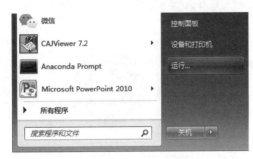

图 1-7　"开始"菜单　　　　　　　　　　图 1-8　"运行"选项卡

(3) 单击"确定"按钮进入 DOS 窗口,如图 1-9 所示。

图 1-9　DOS 窗口

(4) 输入"python",按下 Enter 键。出现所安装的 Python 的版本号信息即表明已经安装成功。输入"'hello world'",如图 1-10 所示。

图 1-10　显示安装的 Python 版本

2．Python 自带文本编辑器 IDLE

在"开始"菜单的"所有程序"中选择 Python 2.7 分组下面的 IDLE 菜单项，打开 IDLE 窗口，在 IDLE 提示符">>>"后面输入相应的命令并按 Enter 键执行即可：

```
>>> print "Hello world!"
```

当按下 Enter 键后，会有下面的输出结果：

```
Hello world!
```

如果执行顺利马上就可以看到执行结果，否则会抛出异常。

例 1-3　执行结果与抛出异常示例。

```
>>> 1 + 2
3
>>> import math
>>> math.sqrt(4)
2.0
>>> 3 * (1 + 2)
9
>>> 2/0
ZeroDivisionError: integer division or modulo by zero
```

IDLE 虽然没有汉化版，但是菜单中的英文比较简单。

注意：如果熟悉其他计算机语言，可能会习惯于每行以分号结束，但是 Python 不用。">>>"符号是提示符，可以在右侧写内容，比如 print "Hello world!"。如果按下 Enter 键，Python 解释器会打印出"Hello world!"字符串，下一行又会出现一个新的提示符。

（1）新建 Python 文件

在菜单里依次选择 File|New File，即可创建 Python 脚本，窗口标题显示脚本名称，初始化时为 Untitiled，也就是还没有保存的 Python 脚本。

（2）保存文件

在菜单里依次选择 File|Save File，即可保存 Python 脚本，如果是第一次保存，则会弹出保存文件对话框，要求用户输入保存的文件名。

（3）打开文件

在菜单里依次选择 File|Open File，弹出打开文件对话框，要求用户选择要打开的 Python 文件名，也可以右击 .py 文件，在弹出的快捷菜单中选择 Edit with IDLE 选项，即可直接打开窗口编辑该脚本。

（4）运行 Python 程序

在菜单里依次选择 Run|Run File，可以在 IDLE 中运行当前的 python 程序，如图 1-11 所示。

如果程序中有语法错误，运行时会弹出"invalid syntax"，然后一个浅红色方框定位在错误处，例如运行下面的程序：

```
print ,'Hello,'
```

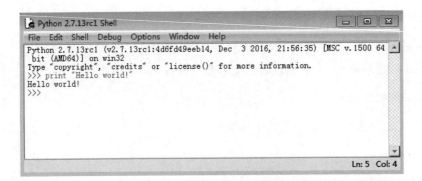

图 1-11　运行界面

在 print()函数中多了一个逗号,定位错误的界面如图 1-12 所示。

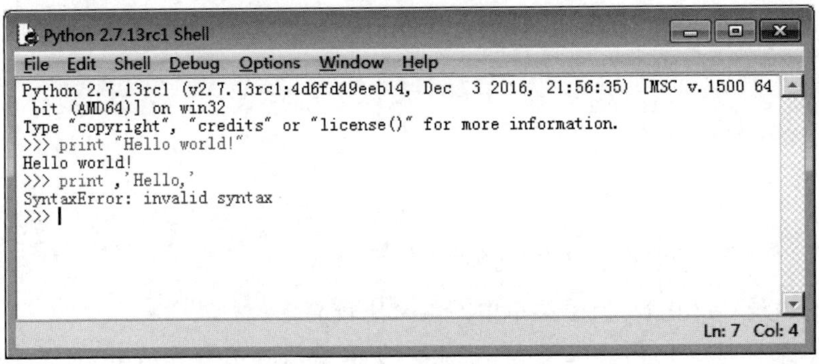

图 1-12　运行时定位在错误处

3. 使用 pip 管理 Python 扩展库

当前,pip 已经成为管理 Python 扩展库(或模块,一般不做区分)的主流方式,使用 pip 不仅可以实时查看本机已安装的 Python 扩展库中的列表,还支持 Python 扩展库的安装、升级和卸载等操作。使用 pip 工具管理 Python 扩展库只需要在保证计算机联网的情况下输入几个命令即可完成,极大地方便了用户。

对于 Python 2.7.9 和 Python 3.4.0 之前的版本,需要首先安装 pip 命令才能使用,而在 Python 2.7.9 以及 Python 3.4.0 之后的安装包中已经继承了该命令,不需要再单独安装。在较早的 Python 版本中安装 pip,首先从 https://pypi.python.org/pypi/pip 下载文件 get-pip.py,然后在命令提示符环境中执行下面的命令

```
python get - pip.py
```

即可自动完成 pip 的安装。当然,应保证计算机处于联网状态。

安装完成以后,可以在命令提示符环境下使用 pip 来完成扩展库的安装、升级、卸载等操作。如果某个模块无法使用 pip 安装,很可能是该模块依赖于某些动态链接库文件,此时需要登录该模块官方网站下载并单独安装,常用 pip 命令使用方法如表 1-1 所示。

表 1-1 常用 pip 命令的使用方法

pip 命令示例	说　　明
pip install SomePackage	安装 SomePackage 模块
pip list	列出当前已安装的所有模块
pip install—upgrage SomePackage	升级 SomePackage 模块
pip uninstall SomePackage	卸载 SomePackage 模块
pip install somePackage. whl	使用 whl 文件直接安装 SomePackage

1.2.2 Anaconda 开发环境

由 CONTINUUM 开发的 Anaconda 开发环境支持 Windows、Linux 和 Mac OS X。安装时会提示是否修改 PATH 环境变量和注册表,如果希望手工激活 Anaconda 环境,可以取消这两个选项,Anaconda 下载地址为 https://www.continuum.io/downloads♯windows。

安装完 Anaconda,就相当于安装了 IPython、浏览器版本 Jupyter Notebook、集成开发环境 Spyder 等,如图 1-13 所示。

图 1-13 "开始"菜单中的 Anaconda

1. IPython(shell)

选择"开始"|Anaconda|IPython 菜单选项,进入如图 1-14 所示的交互窗口界面,或在命令提示符中输入"ipython",打开如图 1-14 所示的界面。

我们不仅可以使用原有 Python 解释器中的所有功能,还新增了许多指令,包括清除界面的"clear"以及查看目录所有文件的"ls"指令。IPython 环境的屏幕显示界面如图 1-15 所示。

2. IPython QTConsole

选择"开始"|Anaconda|IPython QTConsole 菜单选项,打开如图 1-16 所示的界面。

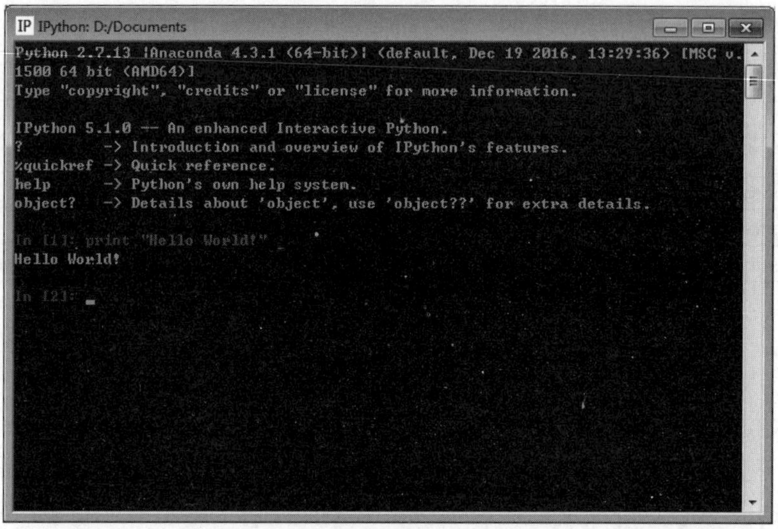

图 1-14 IPython 交互界面

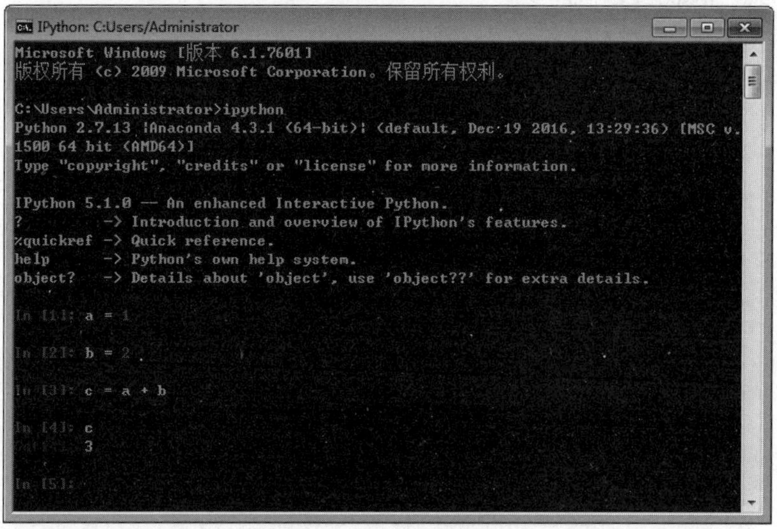

图 1-15 “运行”界面

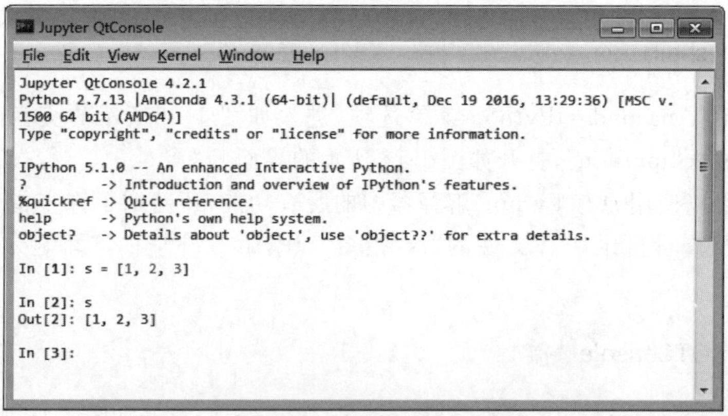

图 1-16 IPython QTConsole 界面

3. IPython Notebook

Notebook 是早期的 IPython 的功能之一,这部分的功能后来被移到 jupyter 计划中,所以在浏览器的上方看到的标题就是这个项目的名称。留意被开启的浏览器网址栏为 http://localhost:8888/tree,此为本地服务器的端口号,代表安装了 jupyter 之后,它在本地计算机中安装了一个简易的网页服务器用来提供 Python 程序设计的界面,而第一页出现的屏幕显示界面即为当前所在目录下的所有文件列表,方便进行程序文件的管理,如图 1-17 所示。单击任意程序文件,jupyter 就会打开一个新的分页编辑此程序文件,如图 1-18 所示。

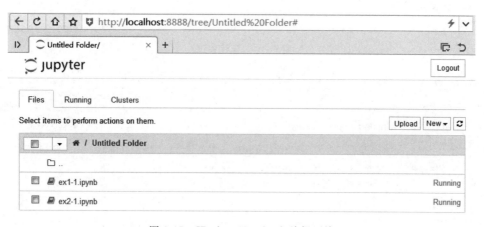

图 1-17　IPython Notebook 编辑环境

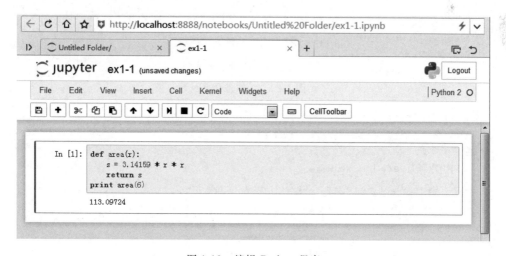

图 1-18　编辑 Python 程序

在主页界面,单击右上角的 New 按钮,并选择 Python2 选项,如图 1-19 所示,jupyter 会开启一个新的 Notebook 界面。

选择 File|Rename 菜单命令,可以为 Notebook 重新命名,如图 1-20 所示。

程序编写完成之后,可以单击 Cell|Run Cells 菜单命令,执行此程序,Notebook 会把程序的运行结果直接显示在浏览页面的下方,如图 1-21 所示。

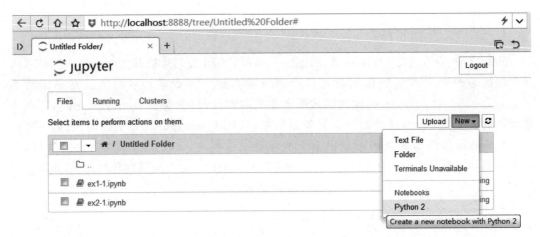

图 1-19　新建程序

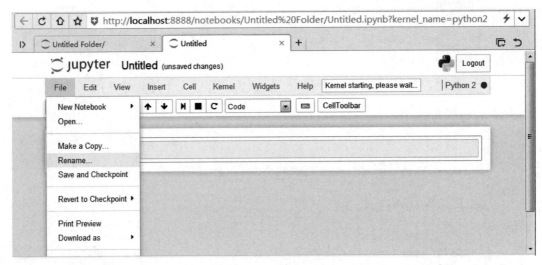

图 1-20　文件重命名

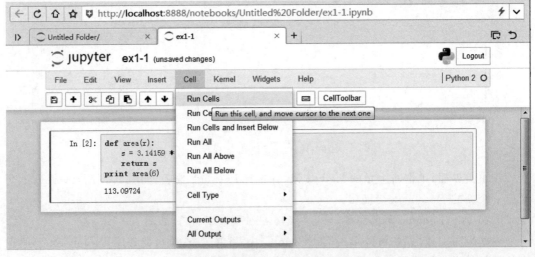

图 1-21　选择 Run Cells 选项执行程序

4. Spyder

Spyder 是由 WinPython 的作者开发的一个简单的集成开发环境，与其他的 Python 开发环境相比，它最大的优点就是模仿 MATLAB 的"工作空间"的功能，可以很方便地观察和修改数组的值，图 1-22 是 Spyder 的界面截图。

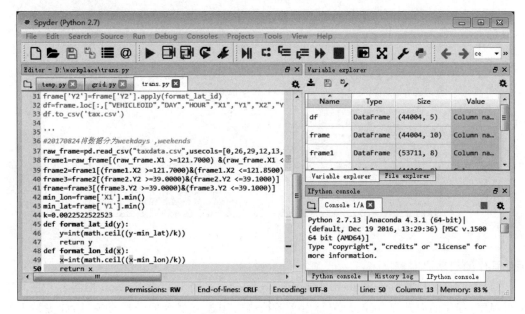

图 1-22 Spyder 界面截图

Spyder 的界面由许多窗口构成，用户可以根据自己的喜好调整它们的位置和大小，当多个窗口在一个区域中时，将使用标签页的形式显示，在图 1-22 中，可以看到 Editor、Variable explorer、File explorer、IPython console 等窗口。在 View 菜单中可以设置是否显示这些窗口，表 1-2 中列出了 Spyder 的主要窗口及作用。

表 1-2 **Spyder** 的主要窗口及作用

窗口名	功能
Editor	编辑程序，以标签页的形式编辑多个程序文件
Console	在其他进程中运行的 Python 控制台
Variable explorer	显示 Python 控制台中的变量列表
Object inspector	查看对象的说明文档和源程序
File explorer	文件浏览器，用来打开程序文件或者切换当前路径

选择 Run|Config 菜单命令，将弹出一个如图 1-23 所示的运行配置对话框，在此对话框中可以对程序的运行进行如下配置。

（1）Command line options：输入程序的运行参数。

（2）Working directory：输入程序的运行路径。

（3）Execute in current Python or IPython console：在当前的 Python 控制台中运行程序，程序可以访问此控制台中的所有全局对象，控制台中已经载入的模块不需要重新载入，

图 1-23　运行配置对话框

因此程序的启动速度较快。

（4）Execute in a new dedicated Python console：新打开一个 Python 控制台并在其中运行程序，程序的启动速度较慢，但是由于新控制台中没有多余的全局对象，因此更接近真实运行的情况。当选择此项时还可以选中 Interact with the Python console after execution 复选框，这样，当程序结束运行之后，控制台进程继续运行，可以通过它查看程序运行之后的所有全局对象。此外，还可以在 Command line options 中输入新控制台的启动参数。

（5）Execute in an external System terminal：选择该选项则完全脱离 Spyder 运行程序。

运行配置对话框只会在第一次运行程序时出现，如果想修改程序的运行配置可以按 F6 键来打开运行配置对话框。

控制台中的全局对象可以在 Variable explorer 窗口中找到。此窗口支持数值、字符串、元组、列表、字典以及 NumPy 数组等对象的显示和编辑。图 1-24 是 Variable explorer 窗口，该窗口列出了当前运行环境中的变量名、类型、大小及其内容，右击变量名会弹出对此变量进行操作的菜单，在菜单中选择 Edit 选项，弹出图 1-25 所示的数组编辑窗口，Variable explorer 使编辑窗口中的单元格的背景颜色直观地显示了数值的大小。当有多个控制台运行时，Variable explorer 窗口显示当前控制台中的全局对象。

Spyder 的功能比较多，这里仅介绍一些常用的功能和技巧：

（1）默认配置下，Variable explorer 中不显示大写字母开头的变量，可以单击工具栏中的配置按钮（最后一个按钮），在菜单中取消 Exclude capitalized references 的选中状态。

（2）控制台中，可以按 Tab 键自动补全。在变量名之后输入"?"，可以在 Object inspector 窗口中查看对象的说明文档，此窗口的 Options 菜单中的 Show source 选项可以用来开启显示函数的源程序。

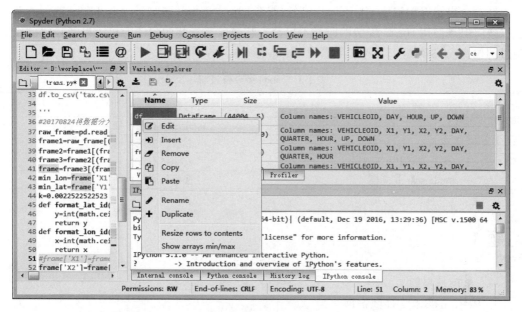

图 1-24　查看全局变量

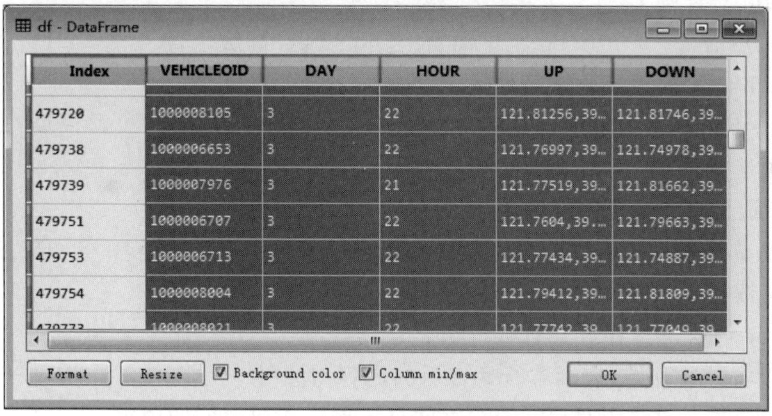

图 1-25　数组编辑窗口

（3）可以通过 Working directory 工具栏修改工作路径，程序运行时，将以此工作路径为当前路径，只需要修改工作路径，就可以用同一个程序处理不同文件夹下的数据文件。

（4）在程序编辑窗口中按住 Ctrl 键，并单击变量名、函数名、类名或模块名可以快速跳转到其定义位置，如果是在其他程序文件中定义的，将打开此文件，在学习一个新的模块库的用法时，经常需要查看模块中的某个函数或某个类是如何定义的，使用此功能可以帮助我们快速查看和分析各个库的源程序。

5. Anaconda 安装库

Anaconda 安装包中已经包括了许多常用的库，可以在命令提示符中输入 pip list 或者用 Anaconda 自带的包管理器 conda(conda list)查看已经安装的库，如果需要其他库，则可以由用户自行安装。

在命令提示符中输入 pip install 包名，或者 conda install 包名，conda 和 pip 的用法基本上一致。但是使用 conda 安装的时候不仅会安装当前要安装的包还会提示更新其他已经安装过的包，表 1-3 列出了管理扩展库的 conda 命令。

表 1-3　conda 命令及说明

命　　令	说　　明
conda list	列出所有的扩展库
conda update 扩展库名	升级扩展库
conda install 扩展库名	安装扩展库
conda search 模板	搜索符合模板的扩展库

习题 1

一、单项选择题

1. Python 脚本文件的扩展名为（　　）。

    A．.python   B．.py   C．.pt   D．.pg

2. Python 语言属于（　　）。

    A．机器语言   B．汇编语言   C．高级语言   D．以上都不是

3. Python 内置的集成开发工具是（　　）。

    A．PythonWin   B．Pydev   C．IDE   D．IDLE

二、多项选择题

1. 下面属于 Python 特性的有（　　）。

    A．简单易学   B．开源的、免费的   C．属于低级语言   D．高可移植性

    E．可读性强

2. Python 语言的注释方式有（　　）。

    A．以符号 ♯ 开始，表示本行 ♯ 之后的内容为注释

    B．包含在一对三引号（'''…'''）之间且不属于任何语句的内容

    C．包含在一对三引号（"""…"""）之间且不属于任何语句的内容

    D．以符号％开始，表示本行％之后的内容为注释

    E．以符号＄开始，表示本行＄之后的内容为注释

三、上机实践

1. 在计算机中建立 Python 2.x 或 Python 3.x 的运行环境。

2. 完成本章例 1-1～例 1-3，熟悉 Python 编辑和运行环境。

第2章 Python程序设计基础

本章将介绍 Python 语言的基本语法和编码规范，并重点讲解 Python 语言的常量、变量、运算符和表达式等基础知识，为使用 Python 开发应用程序奠定基础。

2.1 常量和变量

常量和变量是程序设计语言的最基本元素，它们是构成表达式和编写程序的基础。本节将介绍 Python 语言的变量和常量。

2.1.1 常量

常量是内存中用于保存固定值的单元，在程序中常量的值不能发生改变。Python 并没有命名常量，也就是说不能像 C 语言那样给常量起一个名字。Python 常量包括数字、字符串、布尔值和空值等。

1. 数字

Python 包括整数、长整数、浮点数和复数 4 种类型的数字。

(1) 整数：表示不包含小数点的实数，在 32 位计算机上，标准整数类型的取值范围是 $-2^{31} \sim 2^{31} - 1$。

(2) 长整数：顾名思义，就是取值范围很大的整数。Python 的长整数的取值范围仅与计算机支持的虚拟内存的大小有关，也就是说，Python 能表达非常大的整数。

(3) 浮点数：包含小数点的浮点型数字。

(4) 复数：可以用 a+bi 表示的数字。a 和 b 是实数，i 是虚数单位。虚数单位是二次方程式 $x^2 + 1 = 0$ 的一个解，所以虚数单位同样可以表示为 $i = \sqrt{-1}$。

在复数 a+bi 中，a 称为复数的实部，b 称为复数的虚部。

2. 字符串

字符串是一个由字符组成的序列。字符串常量使用单引号(')或双引号(")括起来。例如：

```
>>> 'This is a constant'
' This is a constant '
```

```
>>> "This is another constant "
'This is another constant '
```

3. 布尔值

布尔值通常用来判断条件是否成立。Python 包含两个布尔值：True(逻辑真)和 False (逻辑假)。布尔值区分大小写,也就是说 true 和 TRUE 不能等同于 True。

4. 空值

Python 有一个特殊的空值常量 None。与 0 和空字符串(" ")不同,None 表示什么都没有。None 与任何其他的数据类型比较永远都返回 False。

2.1.2　变量

变量是内存中命名的存储位置,Python 的变量不需要声明,可以直接使用赋值运算符进行赋值操作,根据所赋的值来决定其数据类型。例如

```
>>> a = 1
```

创建了整型变量 a,并赋值为 3,再如

```
>>> b = 'Hello world. '
```

创建了字符串变量 b,并赋值为'Hello world. '。这一点适用于 Python 任意类型的对象。

在定义变量名的时候,需要注意以下问题:

(1) 变量名必须以字母或下画线(_)开头,但以下画线开头的变量在 Python 中有特殊含义,本书后面章节会详细讲解。

(2) 变量名中不能有空格以及标点符号(括号、逗号、引号、斜线、反斜线、冒号、句号、问号等),可以由字母、下画线(_)或数字(0～9)组成。

(3) 变量名是区分大小写的。也就是说 Student 和 student 是不同的。

(4) 不能使用关键字作为变量名,可以导入 keyword 模块后使用 print keyword. kwlist 查看所有 Python 关键字。

```
>>> import keyword
>>> print keyword.kwlist
['and', 'as', 'assert', 'break', 'class', 'continue', 'def', 'del', 'elif', 'else', 'except', 'exec',
'finally', 'for', 'from', 'global', 'if', 'import', 'in', 'is', 'lambda', 'not', 'or', 'pass', 'print', 'raise',
'return', 'try', 'while', 'with', 'yield']
>>> and = 1
  File "< ipython - input - 65 - 2b18fd315f8e >", line 1
    and = 1
      ^
SyntaxError: invalid syntax
```

(5) 不建议使用系统内置的模块名、类型名或函数名以及已导入的模块名及其成员名作为变量名,这将会改变其类型和含义,可以通过 dict(__builtins__)查看所有的内置模块、类型和函数。

例如，_score、Number 和 number123 是有效的变量名；而 123number（以数字开头）、my score（变量名包含空格）和 my-score（变量名包含减号（-））不是有效的变量名。

虽然不需要在使用之前显式地声明变量及其类型，但是 Python 仍属于强类型编程语言，Python 解释器会根据赋值或运算来自动推断变量类型。每种类型支持的运算也不完全一样，因此在使用变量时需要程序员自己确定所进行的运算是否合适，以免出现异常或者意料之外的结果。同一个运算符对于不同类型数据操作的含义和计算结果也是不同的。

例 2-1　变量示例。

```
>>> a = 1                          >>> a = [1,2,3]
>>> print type(a)                  >>> print type(a)
< type 'int'>                      < type 'list'>
>>> a = 'Hello world. '            >>> isinstance(10,int)
>>> print type(a)                  True
< type 'str'>                      >>> isinstance('Hello world. ',str)
                                   True
```

其中，内置函数 type()用来返回变量类型，内置函数 isinstance()用来测试对象是否为指定类型的实例。代码中首先创建了整型变量 a，然后又分别创建了字符串和列表类型的变量 a，当创建了字符串类型的变量 a 之后，之前创建的整型变量 a 将自动失效，创建列表对象 a 之后，之前创建的字符串变量 a 将自动失效。可以将该模型理解为"状态机"，在显式修改其类型或删除之前，变量将一直保持上次的类型。

在大多数情况下，如果变量出现在赋值运算符或者复合赋值运算符（例如＋＝、＊＝等）的左边则表示创建变量或修改变量的值，否则表示引用该变量的值，这一点同样适用于使用下标来访问列表、字典等可变序列以及其他自定义对象中元素的情况，例如：

```
>>> a = 2              ♯创建整型变量
>>> a ** 2
4
>>> a += 6             ♯修改整型变量
>>> a                  ♯读取变量值
8
>>> a = [1,2,3]        ♯创建列表对象
>>> a
[1, 2, 3]
>>> a[1] = 5           ♯修改列表元素值
>>> a
[1, 5, 3]
>>> a[2]
3
```

字符串和元组属于不可变序列，这意味着不能通过下标的方式来修改其中的元素值，详细情况在第 3 章介绍，此处暂不做讨论。

例 2-1 中的代码都是将常量赋值到一个变量中。也可以将变量赋值给另外一个变量。

例 2-2　将变量赋值给另外一个变量操作示例。

```
>>> a = "This is a constant"
```

```
>>> b = a
>>> b
'This is a constant'
>>> a = "This is another constant"
>>> b
'This is a constant'
```

此代码将变量 a 的值赋予变量 b,但以后对变量 a 的操作将不会影响到变量 b。每个变量对应这一块内存空间,因此每个变量都有一个内存地址。变量赋值实际上就是将该变量的地址指向赋值给它的常量或变量的地址。也就是说,变量 a 只是将它的值传递给了变量 b。

可以使用 id()函数输出变量的地址,例如下面的例子。

例 2-3 用 id()函数输出变量地址的示例。

```
>>> a = 1                       >>> b = a
>>> id(a)                       >>> id(b)
30139832L                       30139832L
                                >>> a += 1
                                >>> id(a)
                                30139808L
```

在这段代码中,内置函数 id()用来返回变量所指值的内存地址,可以看出,在 Python 中修改变量值的操作,并不是修改了变量的值,而是修改了变量指向的内存地址。这是因为 Python 解释器首先读取变量 a 原来的值,然后将其加 2,并将结果存放于新的内存中,最后将变量 a 指向该结果的内存空间,如图 2-1 所示。

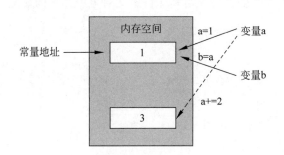

图 2-1   变量赋值过程的示意图

2.1.3   常量与变量的数据类型转换

Python 在定义变量时,不需要指定其数据类型,而是根据每次给变量所赋的值决定其数据类型,但也可以使用一组函数对常量和变量进行类型转换,以便对它们进行相应的操作。表 2-1 显示了可用的 Python 语言的内置数据类型,可用 isinstance()函数检查表中所列出的类型名称和相应的表达式。

表 2-1　内置数据类型

数 据 类 型	类 型 名 称	描　　述
None	Type(None)	Null 对象 None
数字	int	整数
	float	浮点数
	complex	复数
	bool	布尔型(True/False)
序列	str	字符串
	bytes	字节串
	bytearray	字节数组
	list	列表
	tuple	元组
映射	dict	字典
集合	set	可变集合
	frozenset	不可变集合

1. 转换为数字

可以将字符串常量或变量转换为数字,包括以下情况:

int(x,[,base])函数:将字符串转换为整数,参数 x 是待转换的字符串,参数 base 为可选参数,指定转换后整数的进制,默认为十进制。

long(x,[,base])函数:将字符转换为长整数,参数含义与 int()函数相同。

float(x)函数:将字符串或数字转换为浮点数,参数 x 是待转换的字符串或数字。

eval(str)函数:计算字符串中的有效 Python 表达式,并返回结果,参数 str 是待计算的 Python 表达式或数字。

例 2-4　转换为数字类型示例。

```
>>> a = "1"                      10L
>>> b = int(a) + 1               >>> a = "3.1415926"
>>> b                            >>> b = float(a)
2                                >>> b
>>> a = "10"                     3.1415926
>>> b = long(a)                  >>> eval('1 + 2')
>>> b                            3
```

2. 转换为字符串

可以将数字常量或变量转换为字符串,包括以下情况:

str(x)函数:将数值转换为字符串,参数 x 是待转换的数值。

repr(obj)函数:将对象转换为可打印字符串,参数 obj 是待转换的对象。

chr()函数:将一个整数转换为可对应 ASCII 的字符。

ord()函数:将一个字符转换为可对应 ASCII 的字符。

例 2-5　转换为字符串类型示例。

```
>>> chr(65)                      '[0,1,2,3]'
```

```
'A'                              >>> repr('Hello')
>>> ord('A')                     "'Hello'"
65                               >>> str(1.0/7.0)
>>> str(3.1415926)               '0.142857142857'
'3.1415926'                      >>> repr(1.0/7.0)
>>> repr([0,1,2,3])              '0.14285714285714285'
```

2.1.4   案例精选

案例 2-1   编写程序,提示输入姓名和学号,输出姓名和学号。

（1）提示用户输入姓名,并将用户输入内容以变量形式存储,等待输出。函数 raw_input()将所有输入作为字符串看待,返回字符串类型。

```
>>> name = raw_input("Input your name: ")
Input your name: Edward
```

（2）提示用户输入学号,并将用户输入内容以变量形式存储,等待输出。

```
>>> id = raw_input("Input your Student ID: ")
Input your Student ID: 11711001
```

（3）打印输出姓名。

```
>>> print "Your name is:\n", name
Your name is:
Edward
```

（4）打印输出学号。

```
>>> print "Your id  is:\n", id
Your id  is:
11711001
```

2.2   运算符与表达式

表达式(Expression)是构成程序的基本元素,也是用来表达程序设计者意愿的主要方式,程序设计者和 Python 对于所有表达式的每一个符号所代表的意义以及运算的顺序必须要一致,才能够准确地确定按照设计者的逻辑来运行程序。对于不同的对象类型,有不同的运算和表达式。

运算所使用的运算符可以理解为语言模型中的一个单词,而表达式则可以理解为一个由多个单词组成的短语(它不是一个完整的句子),就像英文中的短语(词组)一样。

本节以数字类型对象为主介绍各种运算符、表达式、常用函数、对象所使用的主要方法和运算符优先级问题。

2.2.1   算术表达式

所有的数字对象都可以进行算术运算、关系运算、逻辑运算、移位和按位逻辑运算。算术运算符用法如表 2-2 所示。

表 2-2　算术运算符用法举例

运　算　符	意　义　描　述	运　算　符	意　义　描　述
a＋b	加法	a//b	截取除法
a－b	减法	a％b	取余数(a mod b)
a＊b	乘法	＋a	正数
a/b	除法	－a	负数
a＊＊b	乘方(a^b)	a＝b	赋值

要说明的是：

(1) 截取除法(//)的结果是整数，并且正数和浮点数均可应用。

(2) 除法(/)：在 Python 2.x 中，如果操作数是整数，除法结果取整数，但在 Python 3.x 中，结果是浮点数。

(3) 对浮点数来说，取余运算的结果是"a//b"的浮点数余数。

(4) 对于复数，取余和截取除法是无效的。

例 2-6　算术运算符操作示例。

```
>>> 100//3
33
>>> 100/3
33
>>> 100 % 3
1
>>> 3.0/5
0.6
>>> 3.0//5
0.0
>>> 3/5
0
>>> 13//10
1
>>> (3 + 4j) * (3 - 4j)
(25 + 0j)
>>> 'I' * 5
'IIIII'
>>> "a" * 10
'aaaaaaaaaa'
```

```
>>> 5.5//2
2.0
>>> 5.5/2
2.75
>>> 5.5 % 2
1.5
>>> - 13//10
 - 2
>>> 2 * 3
6
>>> 2.0 * 3
6.0
>>> (3 + 4j) * 2
(6 + 8j)
>>> [1, 2, 3] * 3
 [1, 2, 3, 1, 2, 3, 1, 2, 3]
>>> (1, 2, 3) * 3
(1, 2, 3, 1, 2, 3, 1, 2, 3)
>>> 3 * 'a'
'aaa'
```

在 Python 中，单个任何类型的对象或常数属于合法表达式，使用表 2-1 中运算符连接的变量和常量以及函数调用的任意组合也属于合法的表达式。

例 2-7　算术运算符与变量、常量以及函数组合操作示例。

```
>>> a = [1, 2, 3]
>>> b = [4, 5, 6]
>>> c = a + b
>>> c
[1, 2, 3, 4, 5, 6]
>>> d = list(map(str,c))
```

```
>>> 'Hello' + ' ' + 'world!'
'Hello world!'
>>> 'welcome ' * 3
'welcome welcome welcome '
>>> ('wecome, ' * 3).rstrip(',') + '!'
'wecome, wecome, wecome, !'
```

```
>>> d                                    >>> x = 3, 5
['1', '2', '3', '4', '5', '6']          >>> x
>>> import math                          (3, 5)
>>> list(map(math.sin,c))               >>> 3  ==  3, 5
[0.8414709848078965,                    (True, 5)
 0.9092974268256817,                    >>> x = 3 + 5, 7
 0.1411200080598672,                    >>> x
 -0.7568024953079282,                   (8, 7)
 -0.9589242746631385,
 -0.27941549819892586]
```

除了算术运算之外,比较大小关系的关系表达式以及检查逻辑的逻辑表达式也可用于主导程序的控制流程,就执行的优先级方面,算术表达式＞关系表达式＞逻辑表达式。如果不能确定顺序,就是用小括号确定运算的优先级。

2.2.2　关系表达式

关系表达式使用表 2-3 所示的关系运算符,运算结果是 True 或 False。关系运算 in 表示一个对象是否在一个集合中(这里所说的集合是一个广义概念,包括列表、元组、字符串等),当然运算结果也是 True 或 False。

表 2-3　关系运算符用法举例

运　算　符	意 义 描 述	运　算　符	意 义 描 述
a＜b	小于	a＞=b	大于或等于
a＜=b	小于或等于	a==b	等于
a＞b	大于	a!=b	不等于
a in ＜集合＞	a 在集合中?		

例 2-8　关系表达式操作示例。

```
>>> a, b = 1, 2                         >>> a != 1
>>> a == 1                              False
True                                    >>> a == b
>>> a < = b                             >>> a == b/2
True                                    True
>>> a + 1 == b                          >>> a + 1 != b/2
True                                    True
```

(1) 对于关系运算符,可以有更复杂的写法。例如,"a＜b＜c"相当于"a＜b and b＜c"、"a＜b＞c"相当于"a＜b and b＞c"、"a==b＞c"相当于"a==b and b＞c"。

(2) 不允许对复数进行比较。

(3) 当操作数是同一类型时,比较才有效。不同数据类型之间在运算之前 Python 进行类型的强制转换:当操作数之一为浮点数,则将另一个操作数也转换为浮点数。

例如:

```
>>> 2 + 3j > 1
Traceback (most recent call last):
  File "< ipython - input - 145 - e1912a8fb01a >", line 1, in < module >
```

```
2 + 3j > 1
TypeError: no ordering relation is defined for complex numbers
>>> 1 != 0 > 0          #解释为"1 = 0 and 0 > 0"
False
>>> 1 != 0 >= 0         #解释为"1!= 0 and 0 >= 0"
True
>>> 1.0 + 1.0e - 16 > 1.0
False
>>> 1.0 + 1.0e - 15 > 1.0
True
```

注意：当操作数是浮点数时，因为浮点数具有 15 位有效位的问题，是比较运算时，可能会出现谬论。上面的示例实际上是论证"一个数加上一个很小的数大于这个数本身"，结果由于加上的"一个很小的数"小于浮点数的表示精度，等于没有加上这个很小的数，所以出现错误的结论。

2.2.3　逻辑表达式

逻辑表达式主要用于"是""否""而且""或者"这种需要比较的情况。逻辑运算符只有 3 个，它们分别是 not、and、or，如表 2-4 所示。用逻辑运算符描述的表达式称为逻辑表达式或布尔表达式，如表 2-4 所示。

表 2-4　逻辑运算符用法举例

运　算　符	意　义　描　述	运　算　符	意　义　描　述
a and b	且	a not b	否
a or b	或		

一般来说，逻辑运算符两边的操作数是关系表达式，但由于布尔值 True 和 False 分别映射到整数对象类型的 1 和 0，可以理解为整数的非 0 值是 True，而整数的 0 理解为 False。所以，逻辑运算符两边的操作数还可以是整数、字符串等。更进一步扩展，还可以把任意非 0 数字、非空字符、非空列表、非空字典、非空集合理解为 True，把数字 0、空列表、空元组、空字典、空集合理解为 False。例如：

例 2-9　逻辑表达式操作示例。

```
>>> a = 1                       >>> s = [1,2,3]
>>> not a                       >>> s
False                           [1, 2, 3]
>>> not not a                   >>> 10 - 10 and s.append(4)
True                            0
>>> 1.3 > 1.0 and 0             >>> 10 + 10 and s.append(4)
0                               >>> s
>>> "ABC" or 0                  [1, 2, 3, 4]
'ABC'                           >>> 10 + 10 or s.append(6)
                                20
                                >>> 10 - 10 or s.append(8)
                                >>> s
                                [1, 2, 3, 4, 8]
```

注意：由于逻辑运算符的结合性是从左到右的，对于 and 运算符，只有 and 左边操作数为 True 时，才计算右边的操作数；否则，是不计算右边的操作数的。同样，对于 or 运算符，只有 or 左边操作数为 False 时，才计算右边的操作数；否则，同样是不计算右边的操作数的。

2.2.4　案例精选

案例 2-2　编写程序，求解一元二次方程 $x^2-10x+16=0$。

（1）导入 math 模块。

```
>>> import math
```

（2）定义函数 quadratic_equation(a,b,c)，对一元二次方程进行求解。一元二次方程的一般形式 $ax^2+bx+c=0(a\neq0)$，利用一元二次方程根的判别式 $t=b^2-4ac$ 判断方程的根的情况：

① 当 $t>0$ 时，方程有两个不相等的实数根；

② 当 $t=0$ 时，方程有两个相等的实数根。

一元二次方程的两个解：$x1,x2=(-b\pm\sqrt{(b^2-4ac)})/2a$

```
>>> def quadratic_equation(a, b, c):
        t = math.sqrt((b ** 2) - 4 * a * c)
        if(b ** 2 - 4 * a * c) > 0:
            return (-b + t) / (2 * a), (-b - t) / (2 * a)
        elif (pow(b, 2) - 4 * a * c) == 0:
            return (-b + t) / (2 * a)
        else:
            return None
```

（3）一元二次方程 $x^2-10x+16=0$ 的系数为(1,-10,16)，求解方程并打印输出结果。

```
>>> print quadratic_equation(1, -10, 16)
(8.0, 2.0)
```

习题 2

一、单项选择题

1. 幂运算运算符为(　　)。

   A. *　　　　　　　　B. ++　　　　　　　　C. %　　　　　　　　D. **

2. 在 Python 中，可以使用(　　)控制运算的优先顺序。

   A. 圆括号()　　　　B. 方括号[]　　　　C. 花括号{}　　　　D. 尖括号<>

3. 下列 Python 语句中，非法的是(　　)。

   A. x=y=1　　　　B. x=(y=1)　　　　C. x,y=y,x　　　　D. x=1; y=1

4. 数学关系式 $2<x\leqslant10$ 表示成正确的 Python 表达式为(　　)。

   A. 2<x<=10　　　　　　　　　　B. 2<x and x≤10

  C. 2＜x ＆＆ x＜＝10   D. x＞2 or x＜＝10

5. 运算符( )可以对浮点数进行求余数操作。

  A. ％   B. ＆   C. ｜   D. ／

6. Python 语句 a＝1；not a 的输出结果是( )。

  A. −1   B. −2   C. False   D. True

7. Python 语句 a＝'\101'；a 的输出结果是( )。

  A. '\101'   B. 'A'   C. 'B'   D. 'C'

8. Python 语句 a ＝ '\x41'；a 的输出结果是( )。

  A. 'A'   B. 'a'   C. 'B'   D. 'C'

9. Python 语句 a＝1,b＝2,c＝0；(a＝＝b＞c)＝＝(a＝＝b and b＞c)的输出结果是( )。

  A. True   B. False   C. 0   D. inf

10. Python 表达式"1!＝0＞0"的输出结果是( )。

  A. True   B. False   C. 1   D. -inf

11. Python 表达式"1＝0＞＝0"的输出结果是( )。

  A. True   B. False   C. 0   D. -inf

二、多项选择题

1. 下面( )是有效的变量名。

  A. _score   B. "banana"   C. Number   D. my-score

  E. student/id

2. 如果有 Python 语句 s＝'Python',要取出字符'n',正确的方式是( )。

  A. s[−1]   B. s[5]   C. s[5:6]   D. s[5:5]

  E. s[−1:−1]

3. 下列数据类型中,Python 支持的是( )。

  A. char   B. int   C. set   D. list

  E. float

4. 为了给整型变量 x、y、z 赋初值 5,下面正确的 Python 赋值语句是( )。

  A. xyz＝5   B. x＝5；y＝5；z＝5

  C. x＝y＝z＝5   D. x＝5,y＝5,z＝5

  E. x,y,z＝5

三、判断题

1. 关系运算符＜、＜＝和＞、＞＝的优先级不同。   ( )

2. 运算符"/"和"//"产生不同的运算结果。   ( )

3. 表达式"1/3"的结果是 0。   ( )

4. 表达式"1//3"的结果是 0。   ( )

5. 表达式"1.0＋1.0e-16＞1.0"的结果是 True。   ( )

6. 表达式"x＜＝y＞＝z"是合法的。   ( )

7. 逻辑运算符的结合性是从左至右的。   ( )

8. 表达式"1.3＞1.0 and 0"的结果是 0。   ( )

9. 逻辑运算符 and 和 or 的优先级不同。   （   ）

10. 表达式"1.0＋1.0e-16＞1.0"的结果是 1。   （   ）

11. 对于逻辑运算符 and 来说,左侧对象为 0 时,右侧对象不参与运算。 （   ）

12. 表达式"10-10 and s. append(5)"中的子表达式"s. append(5)"没有动作。 （   ）

13. 条件表达式的结合性是从右至左。   （   ）

14. 乘方(**)的结合性是从右至左。   （   ）

四、上机实践

编写程序,用户输入一个三位以上的整数,输出其百位以上的数字。例如用户输入 1234,则程序输出 12(提示：使用整除运算)。

第3章 Python序列

序列是程序设计中经常用到的数据存储方式,几乎每一种程序设计语言都提供了类似的数据结构,简单地说,序列是一块用来存放多个值的连续内存空间。一般而言,在实际开发中同一个序列中的元素通常是相关的。Python 提供的序列类型可以说是所有程序设计语言类似数据结构中最灵活的,也是功能最强大的。

3.1 列表与列表推导式

Python 中常用的序列结构有列表、元组、字典、字符串、集合等。所有序列类型都可以进行某些特定的操作。这些操作包括:索引(indexing)、分片(sliceling)、加(adding)、乘(multiplying)以及检查某个元素是否属于序列的成员(成员资格)。除此之外,Python 还有计算序列长度、找出最大元素和最小元素的内置函数。

列表是 Python 的内置可变列表,是包含若干元素的有序连续内存空间。在形式上,列表的所有元素放在一对方括号"["和"]"中,相邻元素之间使用逗号分隔开。当列表增加或删除元素时,列表对象自动进行内存的扩展或收缩,从而保证元素之间没有缝隙。Python 列表内存的自动管理可以大幅度减少程序员的负担,但列表的这个特点会涉及列表中大量元素的移动,效率较低,并且对于某些操作可能会导致意外的错误结果。因此,除非确实有需求,否则尽量从列表尾部进行元素的增加或删除操作,这会大幅度提高列表处理速度。

列表(List)是一组有序存储的数据,例如,饭店点餐的菜单就是一种列表。列表具有如下特性:

(1) 与变量一样,每个列表都有一个唯一标识它的名称。

(2) 一个列表的元素应具有相同的数据类型。

(3) 每个列表元素都有索引和值两个属性,索引是一个从 0 开始的整数,用户标识元素在列表中的位置,值就是对应位置的元素的值。

同一个列表中元素的类型可以不相同,可以同时包含整数、实数、字符串等基本类型,也可以是列表、元组、字典以及其他自定义类型的对象。例如

```
[1, 2, 3, 4, 5]
['Monday', 'Tuesday', 'Wednesday', 'Thursday', 'Friday']
['spam', 1.0, 6, [10, 20]]
[['Tom', 10, 3], ['Mary', 8, 1]]
```

都是合法的列表对象。

对于 Python 序列而言,有很多方法是通用的,而不同类型的序列又有一些特有的方法。列表对象常用方法如表 3-1 所示,假设表中的示例基于 s=[1,3,2]。除此之外,Python 的很多内置函数和命令也可以对列表和其他序列对象进行操作,后面将逐步进行介绍。

表 3-1　列表对象常用方法

方　　法	说　　明	示　　例
s. append(x)	将元素 x 添加至列表尾部	s. append('a')♯s=[1,3,2,'a'] s. append([1,2])♯s=[1,3,2,[1,2]]
s. extend(t)	将列表 t 附加至列表 s 尾部	s. extend([4])♯s=[1,3,2,4] s. extend(['ab'])♯s=[1,3,2,'a','b']
s. insert(i,x)	在列表指定位置 i 处添加元素 x	s. insert(1,4)♯s=[1,4,3,2] s. insert(8,5)♯s=[1,3,2,5]
s. remove(x)	在列表中删除首次出现的指定元素,若对象不存在,将导致 ValueError	s. remove(1)♯s=[3,2] s. remove(0)♯ValueError: list. remove(x): x not in list
s. pop([i])	删除并返回列表对象指定位置的元素,默认为最后一个元素	s. pop()♯输出 2。S=[1,3] s. pop(0)♯输出 1。S=[3,2]
s. index(x)	返回第一个值为 x 的元素的下标,若不存在值为 x 的元素,则抛出异常	s. index(1)♯输出 0 s. index(5)♯ValueError:5 is not in list
s. count(x)	返回指定元素 x 在列表中的出现次数	s. count(1)♯输出 1 s. count(0)♯输出 0
s. reverse()	对列表元素进行原地翻转	s. reverse()♯s=[2,3,1]
s. sort()	对列表元素进行原地排序	s. sort()♯s=[1,2,3]

3.1.1　列表的创建与删除

1. 创建列表

列表采用方括号中用逗号分隔的项目来定义。其基本形式如下:

```
[x1, [x2, ..., xn] ]
```

如同其他类型的 Python 对象变量一样,使用赋值运算符"＝"直接将一个列表赋值给变量即可创建列表对象,例如:

```
>>> a_list = ['a', 'b', 'c', 'd']
>>> a_list = []  ♯创建空列表
```

或者,也可以使用 list()函数将元组、range 对象、字符串或其他类型的可迭代对象类型的数据转换为列表。例如:

```
>>> a_list = list((3,5,7,9,11))
>>> a_list
[1, 3, 5, 7, 9]
>>> list('hello world')
['h', 'e', 'l', 'l', 'o', ' ', 'w', 'o', 'r', 'l', 'd']
>>> x = list()   ♯创建空列表
```

例 3-1 创建列表对象。

```
>>> []                          >>> list(range(3))
[]                              [0, 1, 2]
>>> [1, 2, 3]                   >>> list('abc')
[1, 2, 3]                       ['a', 'b', 'c']
>>> list()                      >>> list([1, 2, 3])
[]                              [1, 2, 3]
>>> list((1, 2, 3))             >>> a = ['x', 2]
[1, 2, 3]                       >>> a
                                ['x', 2]
```

上面的代码中用到了内置函数 range(),这是一个非常有用的函数,后面会多次用到,该函数语法为:

range([start,] stop[, step])

内置函数 range() 接收 3 个参数,第一个参数表示起始值(默认为 0),第二个参数表示终止值(结果中不包括这个值),第三个参数表示步长(默认为 1),该函数在 Python 2.x 中返回一个包含若干整数的列表。另外,Python 2.x 还提供了一个内置函数 xrange(),语法与 range() 函数一样,但是返回 xrange 可迭代对象,其特点为惰性求值,而不是像 range() 函数一样返回列表。例如:

```
>>> range(5)
[0, 1, 2, 3, 4]
>>> xrange(5)
xrange(5)
>>> list(xrange(5))
[0, 1, 2, 3, 4]
```

使用 Python 2.x 处理大数据或较大循环范围时,建议使用 xrange() 函数来控制循环次数或处理范围,以获得更高的效率。

2. 删除列表

当列表不再使用时,使用 del 命令删除整个列表,如果列表对象所指向的值不再由其他对象指向,Python 将同时删除该值。

```
>>> del a_list
>>> a_list
NameError: name 'a_list' is not defined
```

正如上面的代码所展示的那样,删除列表对象 a_list 之后,该对象就不存在了,再次访问时将抛出异常 NameError 提示所访问的对象名不存在。

例 3-2 列表的创建与删除操作示例。

```
>>> s = [1, 2, 3, 4, 5, 6]      >>> s[2:3] = []
>>> s[1] = 'a'                  >>> s
>>> s                           [1, 'a', 5, 6]
[1, 'a', 3, 4, 5, 6]            >>> s[:1] = []
```

```
>>> s[2] = []                           >>> s
>>> s                                   ['a', 5, 6]
[1, 'a', [], 4, 5, 6]                   >>> s[:2] = 'b'
>>> del s[3]                            >>> s
>>> s                                   ['b', 6]
[1, 'a', [], 5, 6]                      >>> del s[:1]
>>> s[:2]                               >>> s
[1, 'a']                                [6]
```

3.1.2　列表元素的增加

列表元素的动态增加和删除是实际应用中经常遇到的操作，Python 列表提供了多种不同的方法来实现这一功能。

1. 运算符（+）

可以使用运算符（+）来实现将元素添加到列表中的功能。虽然这种用法在形式上比较简单也容易理解，但严格意义上来讲，这并不是真的为列表添加元素，而是创建一个新的列表，并将原列表中的元素和新元素依次复制到新列表的内存空间。由于涉及原列表元素的复制，该操作速度较慢，在涉及大量元素添加时不建议使用该方法。

```
>>> s = [3, 4, 5]
>>> s = s + [7]
>>> s
[3, 4, 5, 7]
```

2. append()方法

使用列表对象的 append()方法，原地修改列表，是真正意义上的在列表尾部添加元素，速度较快，也是推荐使用的方法。

```
>>> s.append(9)
>>> s
[3, 4, 5, 7, 9]
```

3. extend()方法

使用列表对象的 extend()方法可以将另一个迭代对象的所有元素添加至该列表对象尾部。

```
>>> s.extend([11, 13])
>>> s
[3, 4, 5, 7, 9, 11, 13]
```

4. insert()方法

使用列表对象的 insert()方法将元素添加至列表的指定位置。

```
>>> s = [3, 4, 5]
```

```
>>> s.insert(2, 6)
>>> s
[3, 4, 6, 5, 3, 4, 6, 5]
```

列表的 insert() 方法可以在列表的任意位置插入元素，但由于列表的自动内存管理功能，insert() 方法会涉及插入位置之后所有元素的移动，这会影响处理速度，类似的还有后面介绍的 remove() 方法以及使用 pop() 函数弹出列表非尾部元素和使用 del 命令删除列表非尾部元素的情况。因此，除非必要，应尽量避免在列表中间位置插入和删除元素的操作，而是优先考虑使用前面介绍的 append() 方法。

5. 乘法运算符 (*)

使用乘法来扩展列表对象，将列表与整数相乘，生成一个新列表，新列表是原列表中元素的重复。

```
>>> s = [3, 5, 7]
>>> t = s * 3
>>> t
[3, 5, 7, 3, 5, 7, 3, 5, 7]
```

该操作实际上是创建了一个新的列表，而不是真的扩展了原列表，该操作同样适用于字符串和元组，并具有相同的特点。

需要注意的是，当使用 * 运算符将包含列表的列表进行重复并创建新列表时，并不创建元素的复制，而是创建已有对象的引用。因此，当修改其中一个值时，相应的引用也会被修改，例如下面的代码：

```
>>> x = [[None] * 2] * 3
>>> x
[[None, None], [None, None], [None, None]]
>>> x[0][0] = 1
>>> x
[1, None], [1, None], [1, None]]
>>> x = [[1, 2, 3]] * 3
>>> x[0][0] = 10
>>> x
[[10, 2, 3], [10, 2, 3], [10, 2, 3]]
```

例 3-3 列表元素的增加操作示例。

```
>>> s = [1, 2, 3, 4, 5]
>>> t = ['a', 'b', 'c']
>>> s + t
[1, 2, 3, 4, 5, 'a', 'b', 'c']
>>> s.append(6)
>>> s
[1, 2, 3, 4, 5, 6]
>>> s.extend([8, 9])
>>> s
[1, 2, 3, 4, 5, 6, 8, 9]
>>> s.insert(6, 7)
>>> s
[1, 2, 3, 4, 5, 6, 7, 8, 9]
>>> t * 2
['a', 'b', 'c', 'a', 'b', 'c']
```

3.1.3 列表元素的删除

1. del 命令

使用 del 命令删除列表中的指定位置上的元素。前面已经提到过,del 命令也可以直接删除整个列表,此处不再赘述。

```
>>> s = [3, 5, 7, 9, 11]
>>> del s[1]
>>> s
[3, 7, 9, 11]
```

2. pop()方法

使用列表的 pop()方法删除并返回指定(默认为最后一个)位置上的元素,如果给定的索引超过了列表的范围,则抛出异常。

```
>>> t = [3, 5, 7, 9, 11]
>>> t.pop()
11
>>> t.pop(1)
5
>>> t
[3, 7, 9]
```

3. remove()方法

使用列表对象的 remove()方法删除首次出现的指定元素,如果列表中不存在要删除的元素,则抛出异常。

```
>>> x = [3, 5, 7, 9, 7, 11]
>>> x.remove(7)
>>> x
[3, 5, 9, 7, 11]
```

例 3-4 列表元素的删除操作示例。

```
>>> lst = [1,2,4,5,6]
>>> del lst[2]
>>> lst
[1, 2, 5]
>>> lst.remove(5)
[1, 2,]
>>> lst.pop()
2
>>> lst
[1,]
```

3.1.4 列表元素访问与计数

可以使用下标直接访问列表中的元素。如果指定下标不存在,则抛出异常提示下标越界,例如:

```
>>> s = [3, 4, 5, 6, 7, 9, 11, 13, 15, 17]
```

```
>>> s[3]
6
>>> s[3] = 5.5
>>> s
[3, 4, 5, 5.5, 7, 9, 11, 13, 15, 17]
>>> s[15]
IndexError: list index out of range
```

使用列表对象的 index() 方法可以获取指定元素首次出现的下标,语法为 str.index (str,start,stop),其中 start 和 stop 用来指定搜索范围,start 默认为 0,stop 默认为列表长度。若列表对象中不存在指定元素,则抛出异常提示列表中不存在该值,例如:

```
>>> s
[3, 4, 5, 5.5, 7, 9, 11, 13, 15, 17]
>>> s.index(7)
4
>>> s.index(100)
ValueError: 100 is not in list
```

如果需要知道指定元素在列表中出现的次数,可以使用列表对象的 count() 方法进行统计,例如:

```
>>> s
[3, 4, 5, 5.5, 7, 9, 11, 13, 15, 17]
>>> s.count(7)
1
>>> s.count(0)
0
```

该方法也可用于元组、字符串以及 range 对象,例如:

```
>>> range(10).count(3)
1
>>> (3, 3, 4, 4).count(3)
2
>>> 'abcdefgabc'.count('abc')
2
```

3.1.5 成员资格判断

如果需要判断列表中是否存在指定的值,可以使用前面介绍的 count() 方法,如果存在,则返回大于 0 的数;如果返回 0,则表示不存在。或者,使用更加简洁的 in 关键字来判断一个值是否存在于列表中,返回结果为 True 或 False。

例 3-5 成员资格判断操作示例。

```
>>> s = [1, 2, 3]                    True
>>> s                                >>> [5] in t
[1, 2, 3]                            False
>>> 3 in s                           >>> s1 = [3, 5, 7, 9, 11]
True                                 >>> s2 = ['a', 'b', 'c', 'd']
```

```
>>> 18 in s                          >>> (3, 'a') in zip(s1, s2)
False                                True
>>> t = [[1], [2], [3]]              >>> for a, b in zip(s1, s2):
>>> 3 in t                                   print (a, b)
False                                3 a
>>> 3 not in t                       5 b
True                                 7 c
>>> [3] in t                         9 d
```

关键字 in 和 not in 也可以用于其他可迭代对象，包括元组、字典、range 对象、字符串、集合等，常用在循环语句中对序列或其他可迭代对象中的元素进行遍历。使用这种方法来遍历序列或迭代对象，可以减少代码的输入量、简化程序员的工作，并且大幅度提高程序的可读性，建议读者熟练掌握和运用。

3.1.6　切片操作

切片是 Python 序列的重要操作之一，适用于列表、元组、字符串、range 对象等类型。切片使用两个冒号分隔的 3 个数字来完成：第一个数字表示切片开始位置（默认为 0），第二个数字表示切片截止（但不包含）位置（默认为列表长度），第三个数字表示切片的步长（默认为 1），当步长省略时可以顺便省略最后一个冒号。可以使用切片来截取列表中的任何部分，得到一个新列表，也可以通过切片来修改和删除列表中的部分元素，甚至可以通过切片操作为列表对象增加元素。

与使用下标访问列表元素的方法不同，切片操作不会因为下标越界而抛出异常，而是简单地在列表尾部截断或者返回一个空列表，代码具有更强的健壮性。

例 3-6　列表的切片操作示例。

```
>>> s = [3, 5, 7, 9, 11]             >>> s[3: 6]
>>> s[::]                            [9, 11]
[3, 5, 7, 9, 11]                     >>> s[3: 6:1]
>>> s[::2]                           [9, 11]
[3, 7, 11]                           >>> s[0:100:1]
>>> s[1::2]                          [3, 5, 7, 9, 11]
[5, 9]                               >>> s[100:]
>>> s[3::]                           []
[9, 11]
```

可以使用切片操作来快速实现很多目的，例如原地修改列表内容，列表元素的增、删、改、查以及元素替换等操作都可以通过切片来实现，并且不影响列表对象内存地址。

```
>>> s = [3, 5, 7]                    >>> s[:3] = []
>>> s[len(s):]                       >>> s
[]                                   [9]
>>> s[len(s):] = [9]                 >>> s = list(range(10))
>>> s                                >>> s
[3, 5, 7, 9]                         [0, 1, 2, 3, 4, 5, 6, 7, 8, 9]
>>> s[:3] = [1, 2, 3]                >>> s[::2] = [0] * (len(s)/2)
>>> s                                >>> s
[1, 2, 3, 9]                         [0, 1, 0, 3, 0, 5, 0, 7, 0, 9]
```

也可以结合使用 del 命令与切片操作来删除列表中的部分元素。

```
>>> s = [3, 5, 7, 9, 11]
>>> del s[:3]
>>> s
[9, 11]
```

切片返回的是列表元素的浅复制，与列表对象的直接复制并不一样。

例 3-7　列表元素的浅复制与直接复制操作示例。

```
>>> s1 = [3, 5, 7]                        >>> s1 == s2
>>> s2 = s1    ♯s1 和 s2 指向同一块内存    True
>>> s2                                     >>> s1 is s2
[3, 5, 7]                                  False
>>> s2[1] = 8                             >>> s2[1] = 8
>>> s1                                     >>> s2
[3, 8, 7]                                  [3, 8, 7]
>>> s1 == s2                              >>> s1
True                                       [3, 5, 7]
>>> s1 is s2                             >>> s1 == s2
True                                       False
>>> s1 = [3, 5, 7]                        >>> s1 is s2
>>> s2 = s1[::]        ♯浅复制             False
```

3.1.7　列表排序

在实际应用中，经常需要对列表元素进行排序。

1. sort()方法

sort()方法用于在原位置对列表进行排序。在"原位置排序"意味着改变原来的列表，从而让其中的元素能按一定的顺序排列，而不是简单地返回一个已排序的列表副本，该方法支持多种不同的排序方式。

```
>>> s = [2, 4, 6, 1, 3, 5]
>>> s.sort()
>>> s
[1, 2, 3, 4, 5, 6]
```

当用户需要一个排好序的列表副本，同时又保留原有列表不变的时候，正确方法是，首先把 s 的副本复制给 t，然后对 t 进行排序，例如：

```
>>> s = [2, 4, 6, 1, 3, 5]
>>> t = s[ : ]
>>> t.sort()
>>> s
[1, 2, 3, 4, 5, 6]
>>> t
[2, 4, 6, 1, 3, 5]
```

再次调用 a[:]得到的是包含了 s 所有元素的切片，这是一种很高效的复制整个列表的方法。如果只是简单地把 s 赋值给 t 是没用的，因为这样做就让 s 和 t 都指向同一个列表了。

```
>>> t = a
>>> t.sort()
>>> s
[1, 2, 3, 4, 5, 6]
>>> t
[1, 2, 3, 4, 5, 6]
```

2. sorted()

也可以使用内置函数 sorted() 对列表进行排序，与列表对象的 sort() 方法不同，内置函数 sorted() 返回新列表，并不对原列表进行任何修改。

```
>>> s = [2, 4, 6, 1, 3, 5]
>>> t = sorted(s)
>>> s
s = [2, 4, 6, 1, 3, 5]
>>> t
[1, 2, 3, 4, 5, 6]
```

这个函数实际上可以用于任何序列，却总是返回一个列表：

```
>>> sorted('Python')
['P', 'h', ',n', 'o', 't', 'y']
```

在某些应用中可能需要将列表元素进行逆序排列，也就是所有元素位置翻转，第一个元素与最后一个元素交换位置，第二个元素与倒数第二个元素交换位置，以此类推。Python 提供了内置函数 reverse() 支持对列表元素进行逆序排列，与列表对象的 reverse() 方法不同，内置函数 reversed() 不对原列表做任何修改，而是返回一个逆序排列后的迭代对象，例如：

```
>>> s = [3, 4, 5, 2, 1]
>>> t = reversed(s)
>>> t
< listreverseiterator at 0xa46af28 >
>>> list(t)
[1, 2, 5, 4, 3]
```

例 3-8　列表元素的排序操作示例。

```
>>> s1 = [2, 4, 6, 1, 3, 5]
>>> s1.sort()
>>> s1
[1, 2, 3, 4, 5, 6]
>>> s1.reverse()
>>> s1
>>> s2 = [2, 4, 6, 1, 3, 5]
>>> s = reversed(s2)
>>> list(s)
[5, 3, 1, 6, 4, 2]
```

```
[5, 3, 1, 6, 4, 2]
>>> s1.sort(reverse = True)
>>> s2 = [2, 4, 6, 1, 3, 5]

>>> sorted(s2)
[1, 2, 3, 4, 5, 6]
>>> list(s2)
[6, 5, 4, 3, 2, 1]
>>> list(s2)
[6, 5, 4, 3, 2, 1]
```

3.1.8 列表推导式

使用列表推导式,可以简单、高效地处理一个可迭代对象,并生成结果列表。列表推导式的形式如下:

```
[expr for i₁ in 序列 1 ... for iₙ in 序列 N]           #迭代序列中的所有内容,并计算生成列表
[expr for i₁ in 序列 1 ... for iₙ in 序列 N if cond_expr] #按条件迭代,并计算生成列表
```

表达式 expr 使用每次迭代内容 $i_1 ... i_N$,计算生成一个列表。如果指定了条件表达式 cond_expr,则只有满足条件的元素参与迭代。例如:

```
>>> s = [x * x for x in range(10)]
```

相当于

```
>>> s = []
>>> for x in range(10):
    s.append(x * x)
```

接下来再通过几个示例来进一步展示列表推导式的强大功能。

(1)使用列表推导式实现嵌套列表的平铺。

```
>>> vec = [[1, 2, 3], [4, 5, 6], [7, 8, 9]]
>>> [num for elem in vec for num in elem]
[1, 2, 3, 4, 5, 6, 7, 8, 9]
```

(2)过滤不符合条件的元素。

在列表推导式中可以使用 if 子句来筛选,只在结果列表中保留符合条件的元素。例如,下面的代码用于从当前列表中选择符合条件的元素组成新的列表:

```
>>> s = [-1, -4, 6, 7.5, -2.3, 9, -11]
>>> [x for x in s if x > 0]
[6, 7.5, 9]
```

(3)在列表推导式中使用多个循环,实现多序列元素的任意组合,并且可以结合条件语句过滤特定元素。

```
>>> [(x, y) for x in range(3) for y in range(3)]
[(0, 0), (0,1), (0, 2), (1, 0), (1, 1), (1, 2), (2, 0), (2, 1), (2, 2)]
>>> [(x, y) for x in [1, 2, 3] for y in [3, 1, 4] if x != y]
[(1, 3), (1, 4), (2, 3), (2, 1), (2, 4), (3, 1), (3, 4)]
```

(4)使用列表推导式实现矩阵逆转。

```
>>> matrix = [[1, 2, 3, 4], [5, 6, 7, 8], [9, 10, 11, 12]]
>>> [[row[i] for row in matrix] for i in range(4)]
[[1, 5, 9], [2, 6, 10], [3, 7, 11], [4, 8, 12]]
```

例 3-9 列表推导式操作示例。

```
>>> [i * * 2 for i in range(10)]
[0, 1, 4, 9, 16, 25, 36, 49, 64, 91]
```

```
>>> [i for i in range(10) if i % 2 = = 0]
[0, 2, 4, 6, 8]
>>> [(x, y, x * y) for x in range(1, 4) for y in range(1, 4) if x > = y]
[(1, 1, 1), (2, 1, 2), (2, 2, 4), (3, 1, 3), (3, 2, 6), (3, 3, 9)]
```

3.1.9 案例精选

案例 3-1 计算列表 X＝[1,5,3,4,2,7,6]中所有元素的平均值和中位数。

中位数是指 s 中所有数按照升序或降序排列后，处于最中间位置的数据值。如果元素数量是奇数，则序列 X 的最中间位置是一个数据，可以表示为 $X_{\frac{n}{2}}$，如果元素数量是偶数，序列 X 中位数是最中间两个位置数据的平均值，即$(X_{\frac{n}{2}-1}+X_{\frac{n}{2}})/2$。在本案例中，X＝[1,5,3,4,2,7,6]的中位数是 4。

本案例代码如下：

```
def mean(numbers):
    sum = 0
    for num in numbers:
        sum += num
    avg = sum / len(numbers)
    return avg


def median(numbers):
    sorted(numbers)
    length = len(numbers)
    if length % 2 == 0:
        med = (numbers[length//2 - 1] + numbers[length//2])/2
    else:
        med = (numbers[length//2])
    return med


X = [1, 5, 3, 4, 2, 7, 6]
print "序列 X 的平均值:",mean(X)
print "序列 X 的中位数:",median(X)
```

案例 3-1 运行结果如下：

```
序列 X 的平均值: 4
序列 X 的中位数: 4
```

案例 3-2 以正确的宽度在居中的"盒子"内打印一个句子。

```
sentence = raw_input("Please input a sentence: ")
screen_width = 80
text_width = len(sentence)
box_width = text_width + 6
left_margin = (screen_width - box_width)/2

print '' * left_margin + "+" + '-' * (box_width - 2) + '+'
print '' * left_margin + "|" + '' *  (box_width - 2)     + '|'
print '' * left_margin + "|" + '' * 2 + sentence + '' * 2 + '|'
print '' * left_margin + "|" + '' *  (box_width - 2)     + '|'
print '' * left_margin + "+" + '-' * (box_width - 2) + '+'
```

案例 3-2 运行结果如下：

Please input a sentence: NICE TO MEET YOU!.

```
+---------------------+
|                     |
| NICE TO MEET YOU    |
|                     |
+---------------------+
```

案例 3-3 分片示例。

对 http://www.something.com 形式的 URL 进行分割：

```
url = raw_input('Please enter the URL: ')
domain = url[11:-4]
print "Domain name: " + domain
```

案例 3-3 运行结果如下：

Please enter the URL: http://www.baidu.com
Domain name: baidu

案例 3-4 序列成员资格示例。

查看用户输入的用户名和密码是否存在于数据库(本例中是一个列表)中的程序。如果用户名/密码这一数值对存在于数据库中,那么就在屏幕上打印'Access granted'。

```
#检查用户名和密码
database = [
    ['Lucy', '1234'],
    ['Sam', '1324'],
    ['John', '5678'],
    ['Smith', '1010']
]
username = raw_input('User name: ')
pin = raw_input('PIN code: ')
if [username, pin] in database: print 'Access granted'
```

案例 3-4 运行结果如下：

User name: Lucy
IN code: 1234
PAccess granted

3.2 元组与生成器推导式

元组与列表类似,也是一种序列,但与列表不同的是,元组属于不可变序列,不能修改。元组一旦创建,用任何方法都不可以修改其元素的值,也无法为元组增加或删除元素,如果确实需要修改,只能再创建一个新的元组。

3.2.1 元组的创建与删除

元组的定义形式和列表很相似,区别在于定义元组时所有元素放在一对圆括号"()"中,而不是方括号。圆括号可以省略：如果用逗号分隔了一些值,那么就自动创建了元组。

```
(x1, [x2, ..., xn])
```

或者

```
x1, [x2, ..., xn]
```

其中，x_1，x_2，…，x_n 为任意对象。注意：如果元组中只有一个项目时，后面的逗号不能省略，这是因为 Python 解释器把(x_1)解释为 x_1，例如(1)解释为整数 1，(1,)解释为元组。

元组也可以通过创建 tuple 对象来创建。其基本形式为：

```
tuple()              #创建一个空元组
tuple(iterable)      #创建一个元组,包含的项目可为枚举对象 iterable 中的元素
```

例 3-10　创建元组对象示例。

```
>>> 1, 2, 3
(1, 2, 3)
>>> (1, 2, 3)
(1, 2, 3)
>>> ()          #空元组
()
>>> 1
1
>>> 1,
(1, )
>>> (1)
1
```

```
>>> 'a', 'b', 'c'
('a', 'b', 'c')
>>> 'a',
('a', )
>>> tuple()
()
>>> tuple(range(3))
(0, 1, 2)
>>> tuple('abc')
('a', 'b', 'c')
>>> tuple([1, 2, 3])
(1, 2, 3)
```

tuple()函数的功能与 list 函数基本上是一样的：以一个序列作为参数并把它转换为元组。如果参数就是元组，那么该参数就会被原样返回。使用"="将一个元组复制给变量，就可以创建一个元组变量。

```
>>> a_tuple = ('a', )
>>> b_tuple = ('a', 'b', 'c')
>>> c_tuple = ()
```

如同使用 list()函数将序列转换为列表一样，也可以使用 tuple()函数将其他类型序列转换为元组。

```
>>> print tuple('abcdefg')
('a', 'b', 'c', 'd', 'e', 'f', 'g')
>>> s = [1, 2, 3, 4]
>>> tuple(s)
(1, 2, 3, 4)
```

对于元组而言，只能使用 del 命令删除整个元组对象，而不能只删除元组中的部分元素，因为元组属于不可变序列。

3.2.2　元组的基本操作

元组其实并不复杂，除了创建元组和访问元组元素之外，支持索引访问、切片操作、连接操作、重复操作、成员资格操作、比较运算符操作，以及求元组长度、最大值、最小值等。

例 3-11 元组的基本操作示例。

```
>>> s1 = (1, 2, 1)                          4
>>> s2 = ('a', 'x', 'y', 'z')               >>> sum(s2)
>>> len(s1)                                 Traceback (most recent call last):
3                                             File
>>> len(s2)                                 "< ipython - input - 77 - bb5a6cd66c38 >",
4                                           line 1, in < module >
>>> max(s1)                                     sum(s2)
2                                           TypeError: unsupported operand type(s)
>>> min(s2)                                 for + : 'int' and 'str'
'a'                                         >>> s1[0:2]
>>> sum(s1)                                 (1, 2)
```

元组的分片还是元组，就像列表的分片还是列表一样。

3.2.3　元组与列表的区别

列表属于可变序列，可以随意地修改列表中的元素值以及增加和删除列表元素，而元组属于不可变序列，元组中的数据一旦定义就不允许通过任何方式更改。因此，元组没有提供append()、extend()和insert()等方法，无法向元组中添加元素；同样，元组也没有 remove()和pop()方法，也不支持对元组元素进行 del 操作，不能从元组中删除元素，只能使用 del 命令删除整个元组。元组也支持切片操作，但是只能通过切片来访问元组中的元素，而不支持使用切片来修改元组中元素的值，也不支持使用切片操作来为元组增加或删除元素。

元组的访问和处理速度比列表更快，如果定义了一系列常量值，主要用途仅是对它们进行遍历或其他类似用途，而不需要对其元素进行任何修改，那么一般建议使用元组而非列表。可以认为元组对不需要修改的数据进行了"写保护"，从内在实现上不允许修改其元素值，从而使得代码更加安全。

另外，作为不可变序列，与整数、字符串一样，元组可用作字典的键，而列表则永远都不能当作字典键使用，因为列表不是不可变的。

最后，虽然元组属于不可变列表，其元素的值是不可改变的，但是如果元组中包含序列，情况就略有不同，例如：

```
>>> s = ([1, 2], 3)
>>> s[0][0] = 5
>>> s
([5, 2], 3)
>>> s[0].append(8)
>>> s
([5, 2, 8], 3)
>>> s[0] = s[0] + [10]
Traceback (most recent call last):
  File "< ipython - input - 81 - 746f13e9d0fd >", line 1, in < module >
    s[0] = s[0] + [10]
TypeError: 'tuple' object does not support item assignment
>>> s
([5, 2, 8], 3)
```

3.2.4 生成器推导式

从形式上看,生成器推导式与列表推导式非常接近,只是生成器推导式使用圆括号而不是列表推导式所使用的方括号。与列表推导式不同的是,生成器推导式的结果是一个生成器对象而不是列表,也不是元组。使用生成器对象的元素时,可以根据需要将其转化为列表或元组,也可以使用生成器对象的 next() 方法进行遍历,或者直接将其作为迭代器对象来使用。但是无论用哪种方法访问其元素,当所有元素访问结束后,如果需要重新访问其中的元素,必须重新创建该生成器对象。本章涉及的新函数如表 3-2 所示。

表 3-2 本章涉及的新函数

函　　数	描　　述
cmp(x, y)	比较两个值
len(seq)	返回序列的长度
list(seq)	把序列转换成列表
max(args)	返回序列或者参数集合中的最大值
min(args)	返回序列或者参数集合中的最小值
reversed(seq)	对序列进行反向迭代
sorted(seq)	返回已排序的包含 seq 所有元素的列表
tuple(seq)	把序列转换成元组

例 3-12　生成器推导式操作示例。

```
>>> s = [(i + 2) ** 2 for i in range(10)]
>>> s
[4, 9, 16, 25, 36, 49, 64, 81, 100, 121]
>>> tuple(s)
(4, 9, 16, 25, 36, 49, 64, 81, 100, 121)
>>> list(s)
[4, 9, 16, 25, 36, 49, 64, 81, 100, 121]
>>> t = ((i + 2) ** 2 for i in range(10))
>>> t
< generator object < genexpr > at 0x000000000BB51168 >
>>> list(t)
[4, 9, 16, 25, 36, 49, 64, 81, 100, 121]
>>> s.next()
4
>>> s.next()
9
>>> s.next()
16
>>> for i in [(i + 2) ** 2 for i in range(10)]:
    print i,
4 9 16 25 36 49 64 81 100 121
```

3.3 字典

字典是"键-值对"的无序可变序列。字典中的每个元素由"键"和"值"(又称数据项)两部分组成,"键"是关键字,"值"是与关键字有关的数据。定义字典时,"键"与"值"之间用冒号(:)分隔,相邻元素之间用逗号(,)分隔,所有的元素放在一对大括号"{}"中。空字典(不包括任何项)由一对大括号组成,即{}。其基本形式如下:

{键 1:值 1,[键 2:值 2, ..., 键 n:值 n]}

例如:phonebook={'Alice':'1234','Beth':'1902','Camille':'5678'}

在上例中,名字是键,电话号码是值。

"键"必须是不可变对象,"键"在字典中必须是唯一的,"值"可以是不可变对象或可变对象。字典中的"键"可以是 Python 中任意不可变数据,例如整数、实数、复数、字符串、元组等,但不能使用列表、集合、字典作为字典的"键",因为这些类型的对象是可变的。另外,字典中的"键"不允许重复,而"值"是可以重复的。

3.3.1 字典创建与删除

字典的创建有如下几下几种方法。

1. 直接键入

```
>>> d1 = {}
>>> d2 = {'A':65, 'B':66, 'C':67,'A':"Hello"}
>>> d3 = {'A':65, 'B':66, 'C':67, 1:100, 1.0:200}
>>> d1
{}
>>> d2
{'A': 'Hello', 'B': 66, 'C': 67}
>>> d3
{1: 200, 'A': 65, 'B': 66, 'C': 67}
```

在字典 d2 中,写入了两个键都是'A'的元素,系统将用最后一个键值对取代前一个,以保证键的唯一性。在字典 d3 中,写入了整数 1 和浮点数 1.0 两个键,由于系统把 1 和 1.0 当作是同一个键,所以,系统用最后一个键值对代替了前一个。

2. 用 dict()函数创建字典

可以用 dict()函数,通过其他映射(比如其他字典)或者(键,值)这样的序列对建立字典。

```
>>> items = [('name', 'Lucy'), ('age', 20)]
>>> d = dict(items)
>>> d
{'age': 20, 'name': 'Lucy'}
>>> d['name']
'Lucy'
```

dict()函数也可以通过关键字参数来创建字典，如下例所示：

```
>>> d = dict(name = 'Lucy', age = 20)
>>> d
{'age': 20, 'name': 'Lucy'}
```

还可以以给定内容为"键"，创建"值"为空的字典：

```
>>> d1 = dict.fromkeys(['name', 'age', 'sex'])
>>> d2
{'age': None, 'name': None, 'sex': None,}
```

当不再需要某个字典时，可以使用 del 命令删除整个字典。

3.3.2　访问字典的键和值

与列表和元组类似，可以使用下标的方式来访问字典中的元素，但不同的是字典的下标是字典的"键"，而列表和元组访问时下标必须是整数值。使用下标的方式访问字典"值"时，若指定的"键"不存在则抛出异常。

```
>>> d = {'name': 'Michelle', 'sex': 'female', 'age': 36}
>>> d['name']
'Michelle'
>>> d['tel']
Traceback (most recent call last):
  File "< ipython - input - 21 - 0cc1c7833f98 >", line 1, in < module >
    d['tel']
KeyError: 'tel'
```

比较安全的字典元素访问方式是字典对象的 get()方法。使用字典对象的 get()方法可以获取指定"键"对应的"值"，并且可以在指定"键"不存在的时候返回指定值，如果不指定，则默认返回 None。

```
>>> print d.get('tel')
None
>>> d['tel'] = d.get('tel', [])
>>> d['tel'].append(12345678)
>>> d
{'age': 36, 'name': 'Michelle', 'sex': 'female', 'tel': [12345678]}
```

使用字典对象的 items()方法可以返回字典的"键-值对"列表，使用字典对象的 keys()方法可以返回字典的"键"列表，使用字典对象的 values()方法可以返回字典的"值"列表。

```
>>> for item in d.items():
    print item
('age', 36)
('tel', [12345678])
('name', 'Michelle')
('sex', 'female')
>>> for key in d.keys():
    print key
```

```
age
tel
name
sex
>>> for key,value in d.items():
        print key,value
age 36
tel [12345678]
name Michelle
sex female
```

3.3.3　字典元素的添加与修改

当以指定"键"为下标为字典元素赋值时,若该"键"存在,则表示修改该"键"的值；若不存在,则表示添加一个新的"键-值对",也就是添加一个新元素。

```
>>> d['age'] = 26
>>> d
{'age': 26, 'name': 'Michelle', 'sex': 'female', 'tel': [12345678]}
>>> d['address'] = 'Dalian'
>>> d
{'address': 'Dalian',
 'age': 26,
 'name': 'Michelle',
 'sex': 'female',
 'tel': [12345678]}
```

使用字典对象的 update()方法将另一个字典的"键-值对"一次性全部添加到当前字典对象,如果两个字典中存在相同的"键",则以另一个字典的"值"为准对当前的字典进行更新。

```
>>> d.update({'emal':'123@＃.mail.cn','address':'Beijing'})
>>> d
{'address': 'Beijing',
 'age': 26,
 'emal': '123@＃.mail.cn',
 'name': 'Michelle',
 'sex': 'female',
 'tel': [12345678]}
```

当需要删除字典元素时,可以使用 del 命令删除字典中指定"键"对应的元素,或者使用字典对象的 clear()方法来删除字典中的所有元素,还可以使用字典对象的 pop()方法删除并返回指定"键"的元素,后面章节将详细介绍。

3.3.4　字典可用的函数与方法

1. 标准类型的内置函数

标准类型的内置函数:

type()函数：返回字典的类型。

str()函数：返回字典的字符串表示形式。

```
>>> d = {'name': 'Michelle', 'sex': 'female', 'age': 36}
>>> type(d)
dict
>>> str(d)
"{'age': 36, 'name': 'Michelle', 'sex': 'female'}"
```

2. 字典类型专用函数

字典类型专用函数有：

dict()函数：用来创建字典。不指出函数的参数，创建空字典。

len()函数：返回键值对的数目。这种专用函数也可以用在序列、集合对象上。

hash()函数：用来判断一个对象是否可以作为字典的键。可以的话，hash()函数返回一个整数值（哈希值）；不可以的话，会抛出异常。如果两个对象有相同的值，那么它们的返回值相同，而且用它们作为字典的键时，只取其值作为键，只有一个键值对。例如：

```
>>> a = b = 'A'              # a、b 同值
>>> hash(a)                  # 返回相同哈希值
1913471194
>>> hash(b)                  # 返回相同哈希值
1913471194
>>> d = {a:1,b:2}
>>> d                        # 只有一个键,取后一个值
{'100': 2}
>>> hash(d)                  # 字典 d 不可哈希,不能再作为键了
Traceback (most recent call last):
  File "< ipython - input - 48 - a37dc9dc2032 >", line 1, in < module >
    hash(d)
TypeError: unhashable type: 'dict'
```

3. 字典类型专用方法

Python 提供了大量的字典类型专用方法，各方法及功能如表 3-3 所示。

表 3-3　字典类型专用方法及功能

方　法	功　能
clear()	删除字典中的所有元素
copy()	返回字典的一个浅复制副本
fromkeys(<序列>,val)	创建并返回一个新字典、以<序列>中元素做键,val 指定值,不指定 val,默认为 None
get(<键>,d)	<键>在字典中,返回<键>对应的值,<键>不在字典中,返回 d 或没有返回
items()	返回一个包含字典中键值对元组的列表
keys()	返回一个包含字典中键的列表
pop(<键>[,d])	<键>在字典中,删除并返回<键>对应的键值对。<键>不在字典中,有 d 时,返回 d;无 d 时,抛出异常

方　　法	功　　能
popitem()	删除并返回一个键值对的元组,字典空时,返回异常
setdefault(<键>,d)	对在字典中的键,返回对应的值,参数 d 设置无效;不在字典中的键,设置 键和值,返回设置的值,d 默认为 None
update(<字典>)	把字典的键值对添加到方法绑定的字典
values()	返回一个包含字典中值的列表

下面介绍表 3-3 中的方法。

（1）clear()方法

clear()方法用于清除字典中所有的项。这是个原地操作,没有返回值。

```
>>> d = {}
>>> d['name'] = 'Lucy'
>>> d['age'] = 20
>>> d
{'age': 20, 'name': 'Lucy'}
>>> returned_value = d.clear()
>>> d
{}
>>> print returned_value
None
```

考虑以下两种情况。

第 1 种情况:
```
>>> x = {}
>>> y = x
>>> x['key'] = 'value'
>>> y
{'key': 'value'}
>>> x = {}
>>> y
{'key': 'value'}
```

第 2 种情况:
```
>>> x = {}
>>> y = x
>>> x['key'] = 'value'
>>> y
{'key': 'value'}
>>> x.clear()
>>> y
{}
```

两种情况中,x 和 y 最初对应同一个字典,情况 1 中,通过将 x 关联到一个新的空字典来"清空"它,这对 y 一点影响也没有,它仍然是关联到原先的字典。如果真的想清空原始字典中所有的元素,必须使用 clear()方法。正如在情况 2 中所看到的,y 随后也被清空。

（2）copy()方法

copy()方法返回一个具有相同键值对的新字典(这个方法实现的是浅复制(shallow copy),因为值本身就是相同的,而不是副本)。

```
>>> x = {'username': 'admin', 'machines': ['foo', 'bar', 'baz']}
>>> y = x.copy()
>>> y['username '] = 'mlh'
>>> y['machines'].remove('bar')
>>> y
{'username': 'mlh', 'machines': ['foo', 'baz']}
```

```
>>> x
{'username': 'admin', 'machines': ['foo', 'baz']}
```

可以看到,当在副本中替换值的时候,原始字典不受影响,但是,如果修改了某个值(原地修改,而不是替换),原始的字典也会改变,因为同样的值也存储在原始字典中(就像上面例子中的"machines"列表一样)。

避免这个问题的一种方法就是使用深复制(deep copy),复制其所包含的所有值。可以使用 copy 模块的 deepcopy()函数来完成操作。

```
>>> from copy import deepcopy
>>> d = { }
>>> d['name'] = ['Alfred', 'Bertrand']
>>> c = d.copy()
>>> dc = deepcopy(d)
>>> d['names'].append('Clive')
>>> c
{'names': ['Alfred', 'Bertrand', 'Clive']}
>>> dc
{'names': ['Alfred', 'Bertrand']}
```

(3) has_key()方法

has_key()方法可以检查字典中是否含有给出的键。表达式 d.has_key(k)相当于表达式 k in d。使用哪种方式很大程度上取决于用户的喜好。

```
>>> d = { }
>>> d.has_key('name')
False
>>> d['name'] = 'Eirc'
>>> d.has_key('name')
True
```

(4) items()方法和 iteritems()方法

items()方法将所有的字典元素以列表方式返回,这些列表项中的每一项都来自"键-值对",但是元素在返回时没有特殊的顺序。

```
>>> d = {'name': 'Michelle', 'sex': 'female', 'age': 36}
>>> d.items()
[('age', 36), ('name', 'Michelle'), ('sex', 'female')]
```

iteritems()方法的作用大致相同,但是会返回一个迭代器对象而不是列表:

```
>>> d = {'name': 'Michelle', 'sex': 'female', 'age': 36}
>>> it = d.iteritems()
>>> it
<dictionary-itemiterator at 0xa4919a8>
```

(5) keys()方法和 iterkeys()方法

keys()方法:将字典中的键以列表形式返回。

iterkeys()方法:返回针对键的迭代器。

使用方法参考 items()方法和 iteritems()方法,此处不再赘述。

（6）values（）方法和 itervalues（）方法

values（）方法：以列表形式返回字典中的值，与返回键的列表不同的是，返回值的列表中可以包含重复的元素。

itervalues（）方法：返回值的迭代器。

```
>>> d = {}
>>> d[1] = 1
>>> d[2] = 2
>>> d[3] = 3
>>> d[4] = 1
>>> d.values()
[1, 2, 3, 1]
```

（7）pop（）方法和 popitem（）方法

pop（）方法：当"键"在字典中时，删除并返回"键"对应的键值对，当"键"不在字典中，有参数 d 时，返回参数 d；无参数 d 时，抛出异常。

popitem（）方法：从字典中删除一个键值对，并返回这个键值对的元组；字典为空时，返回异常，但是删除是随机的。

```
>>> d = {'name': 'Michelle', 'sex': 'female', 'age': 36}
>>> d.pop('sex')
'female'
>>> d
{'age': 36, 'name': 'Michelle'}
>>> it = d.popitem()
>>> list(it)
['age', 36]
>>> d
{'name': 'Michelle'}
```

（8）setdefault（）方法

setdefault（）方法：在某种程度上类似于 get（）方法，就是能够获得与给定键相关联的值，除此之外，setdefalut（）方法还能在字典中不含有给定键的情况下设定相应的键值。

```
>>> d = {}
>>> d.setdefault('name', 'N/A')
'N/A'
>>> d
{'name', 'N/A'}
>>> d['name'] = 'Michelle'
>>> d.setdefault('name', 'N/A')
'Michelle'
>>> d
{'name', 'Michelle'}
```

从上面的代码中可以看到，当键不存在的时候，setdefault（）方法返回默认值并且相应地更新字典。如果键存在，那么就返回与其对应的值，但不改变字典。默认值是可选的，这点和 get（）方法一样。如果不设定，会默认使用 None。

```
>>> d = {}
>>> print d.setdefault('name')
>>> d
{'name', None}
```

(9) copy()方法、get()方法和 update()方法

这 3 种方法功能意义明确,已在前面章节介绍过,此处不再赘述。

3.3.5　案例精选

案例 3-5　编写程序,使用人名作为键的字典,每个人用另一个字典来表示,其键 'phone'和'city'分别表示他们的电话号码和城市。

本案例代码如下:

```
people = {
    'Alice': {
        'phone': '1234',
        'city': 'Sydney'
    }
    'Beth': {
        'phone': '1902',
        'city': 'London'
    }
    'Camille': {
        'phone': '5678',
        'city': 'Chicago'
    }
}
# 针对电话号码和城市使用的描述性标签,会在打印输出的时候用到
labels = {
    'phone': 'phone number',
    'city': 'city name'
}
name = raw_input('Name: ')
# 查找电话号码还是所在城市?使用正确的键:
# 使用正确的键:
if request  ==  'p': key = 'phone'
if request  ==  'a': key = 'city'
# 如果名字是字典中的有效键才打印信息:
if name in people: print "%S 'S %S IS %S. " % \
 (name, labels[key], people[name][key])
```

案例 3-5 运行结果如下:

```
Name: Beth
Phone number (p) or address (a)? p
Beth's phone number is 1902.
```

3.4 集合

集合是无序序列,且集合中元素不重复。在 Python 语言中,集合类型有两种:可变集合(set)和不可变集合(frozenset)。可变集合的元素是可以添加、删除的,而不可变集合的元素是不可以这样做的。可变集合是不可哈希的,不可以作为字典的键或其他集合的元素,而不可变集合是可哈希的,可以作为字典的键或其他集合的元素。

3.4.1 集合的定义

可变集合通过大括号中用逗号分隔的元素定义,基本形式如下:

{x1, [x2, ..., xn]}

其中,x_1,x_2,...,x_n 为任意可哈希对象。集合中的元素不可重复,且无序。

在 Python 中变量不需要提前声明其类型,直接将集合复制给变量即可创建一个集合对象。

```
>>> a = {1, 2}
>>> a.add(3)
>>> a
{1, 2, 3}
```

也可以使用 set()函数将列表、元组等其他可迭代对象转换为集合,如果原来的数据中存在重复元素,则在转换为集合的时候只保留一个。

```
>>> a_set = set(range(5,10))
>>> b_set = set([0, 1, 2, 3, 0, 1, 2, 3, 4])
>>> a_set
set([8, 9, 5, 6, 7])
>>> b_set
set([0, 1, 2, 3, 4])
>>> x = set()          #空集合
>>> x
set()
```

不可变集合通过创建 frozenset()来创建。

```
>>> s = frozenset('python')
>>> print type(s)
<type 'frozenset'>
>>> print s
frozenset(['h', 'o', 'n', 'p', 't', 'y'])
```

例 3-13 创建集合对象示例。

```
>>> {1, 2, 1}                        {' ', ',', '1', '2', '3'}
{1, 2}                               >>> frozenset('1, 2, 3')
>>> {1, 'a', True}                   frozenset({' ', ',', '1', '2', '3'})
```

```
{1, 'a'}                                >>> set('Hello')
>>> {1, 2, True}                        {'H', 'e', 'l', 'o'}
{1, 2}                                  >>> {'a',[1, 2]}
>>> set('1, 2, 3')                      TypeError: unhashable type: 'list'
```

3.4.2　集合的基本操作

1. 访问集合元素

访问集合中的元素是指检查元素是否是集合中的成员或通过遍历方法显示集合内的成员。由于集合本身是无序的,所以不能为集合创建索引或切片操作。

例 3-14　访问集合元素示例。

```
>>> s = set(['A', 'B', 'C', 'D'])       >>> for i in s:
>>> 'A' in s                                    print i
True                                    A
>>> 'a' not in s                        C
True                                    B
                                        D
```

2. 集合的更新

集合的更新包括增加、修改、删除集合的元素等。可以使用操作符或集合的内置方法来实现集合的更新动作。

例 3-15　更新集合元素示例。

```
>>> s = set(['A', 'B', 'C', 'D'])
>>> s = s|set('Python')                 #使用操作符"|"
>>> s
{'A', 'B', 'C', 'D', 'P', 'h', 'n', 'o', 't', 'y'}
>>> s.add('ABC')                        #add()方法,增加集合元素
>>> s
{'A', 'ABC', 'B', 'C', 'D', 'P', 'h', 'n', 'o', 't', 'y'}
>>> s.remove('ABC')                     #remove()方法,删除集合元素
>>> s
{'A', 'B', 'C', 'D', 'P', 'h', 'n', 'o', 't', 'y'}
>>> s.update('ABCDEF')#修改集合元素      #update()方法,修改集合元素
>>> s
{'A', 'B', 'C', 'D', 'E', 'F', 'P', 'h', 'n', 'o', 't', 'y'}
>>> del s                               #删除集合 s
>>> s
NameError: name 's' is not defined
```

注意:增加、修改、删除集合的元素只针对可变集合,对于不可变集合,实施这些操作将引发异常。例如:

```
>>> t = frozenset(['A', 'B', 'C', 'D'])
>>> t.add('E')
Traceback (most recent call last):
  File "< ipython - input - 27 - 0311d11cb592 >", line 1, in < module >
```

```
    t.add('E')
AttributeError: 'frozenset' object has no attribute 'add'
```

3.4.3 集合可用的操作符

集合类型操作符分为标准类型操作符、集合类型专用操作符、仅适用于可变集合的专用操作符。

1. 标准类型操作符

这个类型的操作符是标准类型操作符,共有 8 个操作符,用于集合与元素或集合与集合的关系判断上。

(1) 成员关系(in 和 not in)。已经在集合的基本操作中介绍过,此处不再赘述。

(2) 子集与超集。一个集合是另一个集合的子集表示:前者中元素都在后者中,且后者中有或没有元素不在前者的集合中。如果说严格子集,就是后者必须有元素不在前者中。

对于两个集合 s 和 t,如果 s 是 t 的子集(严格子集),则 t 是 s 的超集(严格超集)。

有 4 个运算符用于子集($<$和$<=$)与超集($>$和$>=$)。

例 3-16 子集与超集示例。

```
>>> s = set(['A', 'B', 'C', 'D'])
>>> t = frozenset(['D', 'C', 'B', 'A'])    >>> s <= t
>>> s < t                                  True
False                                      >>> s = set(['A', 'B', 'C', 'D', 'E'])
>>> s > t                                  >>> s >= t
False                                      True
```

(3) 集合等价与不等价($==$和$!=$)。集合的等价是指,不同类型或同类型的两个集合,一个集合的所有元素都在另一个集合中,反之亦然。或者说,一个集合是另一个集合的子集,若反过来也成立,则这两个集合等价。

集合的等价与不等价和元素在集合中的顺序无关,集合的特点之一就是无序的。

例 3-17 集合等价与不等价示例。

```
>>> s = set(['A', 'B', 'C', 'D'])
>>> t = frozenset(['D', 'C', 'B', 'A'])
>>> s == t
True
>>> s != t
False
```

2. 集合类型专用操作符

这类集合类型专用操作符实际上是针对集合与集合的运算会产生运算结果,共有 4 个操作符($|$、$\&$、$-$和$\wedge$)。

对于这 4 个操作符,如果操作符两边的集合是同类型的,产生的集合依然是该类型的;但是当两边的集合类型不一致时,结果集合的类型与左操作对象一致。

(1) 并操作符($|$)。并操作产生一个新集合,称为并集。新集合的元素是参与操作的两个集合的所有元素,即属于两个集合之一的成员,并操作有一个完成同样功能的方法 union()。

例 3-18 集合并操作示例。

```
>>> s = set(['A', 'B', 'C', 'D', 1])
>>> t = frozenset(['A', 'B', 'E','F', -1])
>>> s|t
{-1, 1, 'A', 'B', 'C', 'D', 'E', 'F'}
>>> t|s
frozenset({-1, 1, 'A', 'B', 'C', 'D', 'E', 'F'})
>>> s.union(t)
{-1, 1, 'A', 'B', 'C', 'D', 'E', 'F'}
>>> t.union(s)
frozenset({-1, 1, 'A', 'B', 'C', 'D', 'E', 'F'})
```

（2）交操作符（&）。交操作产生一个新集合，称为交集。新集合的元素是参与操作的两个集合的共同元素，同样有相应的等价方法 intersection()。

例 3-19 集合交操作示例。

```
>>> s = set(['A', 'B', 'C', 'D', 1])
>>> t = frozenset(['A', 'B', 'E','F', -1])
>>> s&t
{'A', 'B'}
>>> t&s
frozenset({'A', 'B'})
>>> s.intersection(t)
{'A', 'B'}
>>> t.intersection(s)
frozenset({'A', 'B'})
```

（3）差补操作符（-）。假设参加操作的集合是 s 和 t，s 与 t 的差补是只属于 s 而不属于 t 的元素，反过来说，t 与 s 的差补是只属于 t 而不属于 s 的元素，这个运算符的等价方法为 difference()。

例 3-20 集合差补操作示例。

```
>>> s = set(['A', 'B', 'C', 'D', 1])
>>> t = frozenset(['A', 'B', 'E','F', -1])
>>> s-t
{1, 'C', 'D'}
>>> t-s
frozenset({-1, 'E', 'F'})
>>> s.difference(t)
{1, 'C', 'D'}
>>> t.difference(s)
frozenset({-1, 'E', 'F'})
```

（4）对称差分操作符（^）。假设参加操作的集合是 s 和 t，s 与 t 进行对称差分操作的结果集是所有属于集合 s 和集合 t，并且不同时属于集合 s 和集合 t 的元素，这个运算符的等价方法为 symmetric_difference()。

例 3-21 集合对称差分操作示例。

```
>>> s = set(['A', 'B', 'C', 'D', 1])
```

```
>>> t = frozenset(['A', 'B', 'E','F', -1])
>>> t^s
frozenset({-1, 1, 'C', 'D', 'E', 'F'})
>>> s^t
{-1, 1, 'C', 'D', 'E', 'F'}
>>> s.symmetric_difference(t)
{-1, 1, 'C', 'D', 'E', 'F'}
>>> t.symmetric_difference(s)
frozenset({-1, 1, 'C', 'D', 'E', 'F'})
```

3. 4个复合操作符

4个复合操作符是上面产生新集合的4个操作符(|、&、-和^)分别与赋值符相结合构成的增量赋值操作符,它们是|=、&=、-=和^=。

如果有集合s和t,则:

s|=t 等价于 s=s|t;

s&=t 等价于 s=s&t;

s-=t 等价于 s=s-t;

s^=t 等价于 s=s^t。

例3-22 4个复合操作符示例。

```
>>> s = set(['A', 'B', 'C', 'D', 1])
>>> t = frozenset(['A', 'B', 'E','F', -1])
>>> t | = s
>>> t
frozenset({-1, 1, 'A', 'B', 'C', 'D', 'E', 'F'})
>>> t = frozenset(['A', 'B', 'E','F', -1])
>>> t & = s
>>> t
frozenset({'A', 'B'})
```

3.4.4 案例精选

案例3-6 学校举办运动会,计算机学院有5人参加长跑比赛a=['Lucy','Adward','John','Tom','Aaron'],有6人参加跳远比赛b=['John','Ben','Aaron','Carl','Ellis','bonnie'],有3人参加铅球比赛c = ['Aaron','Ellis','Alice'],同时参加长跑和跳远的是哪些同学,同时参加三项比赛的是哪些同学? 计算机学院参加运动会的同学有哪些?

```
>>> a = ['Lucy', 'Adward', 'John', 'Tom', 'Aaron']
>>> b = ['John', 'Ben', 'Aaron','Carl', 'Ellis','bonnie']
>>> c = ['Aaron', 'Ellis', 'Alice']
>>> ab = set(a) & set(b)
>>> abc = set(a) & set(b) & set(c)
>>> total = set(a) | set(b) | set(c)
>>> print "同时参加长跑和跳远的同学是:", ab
同时参加长跑和跳远的同学是: set(['Aaron', 'John'])
>>> print "同时参加三项比赛的同学是:", abc
```

同时参加三项比赛的同学是：set(['Aaron'])
>>> print "计算机学院参加运动会的同学是：", total
计算机学院参加运动会的同学是：set(['Ellis', 'Adward', 'Lucy', 'bonnie', 'Aaron', 'Carl', 'Tom',
'Ben', 'John', 'Alice'])

习题 3

一、单选题

1. Python 语句 print type([1,2,3,4])的运行结果是(   )。
   A. < type 'list'>   B. < type 'tuple'>   C. < type 'set'>   D. < type 'dict'>

2. Python 语句 print type((1,2,3,4))的运行结果是(   )。
   A. < type 'list'>   B. < type 'tuple'>   C. < type 'set'>   D. < type 'dict'>

3. Python 语句 print type({1,2,3,4})的运行结果是(   )。
   A. < type 'list'>   B. < type 'tuple'>   C. < type 'set'>   D. < type 'dict'>

4. Python 语句 nums = set([1,2,2,3,3,3,4]); print len(nums)的运行结果是(   )。
   A. 1   B. 2   C. 3   D. 4

5. Python 语句 s='Hello'; print s[1：3]的运行结果是(   )。
   A. Hel   B. He   C. ell   D. el

6. Python 语句 s1 = [1,2,3]; s2 = s1; s1[1] = 0; print s2 的运行结果是(   )。
   A. [1,2,3]   B. [0,2,3]   C. [1,0,3]   D. 以上都不对

7. Python 语句 s={'a',1,'b',2}; print s['b']的运行结果是(   )。
   A. 语法错   B. 'b'   C. 1   D. 2

8. Python 语句 s=[a,b,c]; s * 3 的运行结果是(   )。
   A. [a,a,a,b,b,b,c,c,c]   B. [a,b,c,a,b,c,a,b,c]
   C. [[a,a,a],[b,b,b],[c,c,c]]   D. [[a,b,c],[a,b,c],[a,b,c]]

9. Python 语句 s1=[a,b,c,d]; s2=[e,f]; print(len(s1+s2))的运行结果是(   )。
   A. 4   B. 5   C. 6   D. 7

10. Python 语句 d={1：'x',2：'y',3：'z'}; del d[1]; del d[2]; d[1]='A'; print len(d)
的运行结果是(   )。
    A. 0   B. 1   C. 2   D. 3

11. Python 语句 fruits = ['apple','banana','peach']; fruits[-1][-1]的运行结果
是(   )。
    A. 'e'   B. 'a'   C. 'h'   D. 'p'

二、多项选择题

1. 关于 a or b 的描述正确的是(   )。
   A. 如果 a=True,b=True,则 a or b 等于 True
   B. 如果 a=True,b=False,则 a or b 等于 True
   C. 如果 a=True,b=False,则 a or b 等于 False
   D. 如果 a=False,b=False,则 a or b 等于 False

2. 以下能够创建字典的 Python 语句是(　　　)。

　A. dict1＝{}　　　　　　　　　　B. dict2＝{1：3}

　C. dict3＝dict([1,2],[3,4])　　　D. dict4＝dict(([1,2],[3,4]))

三、判断题

1. 字典的键不是唯一的,即一个字典中可以出现两个以上的名字相同的键。 (　　)

2. 对于可变集合,可以增加、修改、删除集合的元素。 (　　)

3. 集合与集合的运算有并操作(|)、交操作(&)、差补操作(-)和对象差分操作(^),这些操作要求是同类型的集合。 (　　)

4. 针对序列对象,可以使用索引和切片操作,当索引值出界时,将抛出异常。 (　　)

5. 列表、字典、集合属于可变序列,元组、字符串属于不可变序列。 (　　)

四、上机实践

员工信息包括:员工编号(ID),姓名(Name),职务(Title),电话(Phone),试编写程序,能够完成以下功能:

(1) 添加新员工信息。

(2) 列表打印所有员工信息。

(3) 输入一个员工编号,输出该员工所有信息。

字符串与正则表达式

字符串是一个有序的字符集合,即字符序列。在 Python 中,字符串属于不可变序列类型,使用单引号、双引号、三单引号或三双引号作为界定符,并且不同的界定符之间可以互相嵌套,Python 中没有独立的字符数据类型,字符即长度为 1 的字符串。

4.1 字符串

4.1.1 字符串常量

使用单引号或双引号括起来的内容是字符串,Python 字符串可以用以下 4 种方式定义:

(1) 单引号(' '):包含在单引号中的字符串,其中可以包含双引号。

(2) 双引号(" "):包含在双引号中的字符串,其中可以包含单引号。

(3) 三单引号(''' '''):包含在三单引号中的字符串,可以跨行。

(4) 三双引号(""" """):包含在三双引号中的字符串,可以跨行。

作为序列,字符串支持假设其中各个元素包含位置顺序的操作。例如,如果我们有一个含有 4 个字符的字符串,可以通过内置的 len 函数验证其长度并通过索引操作得到其各个元素。

```
>>> S = 'Spam'
>>> len(S)          #字符串 S 的长度
4
>>> S[0]            #字符串 S 从左数的第一项
'S'
>>> S[1]            #字符串 S 从左数的第二项
'p'
```

值得注意的是,在方括号中不仅可以使用数字常量,而且还可以使用变量或任意表达式。除了简单地从位置进行索引,字符串也支持序列的分片操作,这是一种一步就能够提取整个分片的方法,例如:

```
>>> S[1:]           #除了第一个以外的全部,等同于 S[1:len(S)]
'pam'
>>> S               #S 本身没有发生变化
'Spam'
```

```
>>> S[0:3]          #除了最后一项
'Spa'
>>> S[:-1]          #与S[0:3]相同
'Spa'
>>> S[:]            #复制S的全部,等同于S[0:len(S)]
'Spam'
```

注意:两个紧邻的字符串,如果中间只有空格分隔,则自动拼接为一个字符串。例如:

```
>>> 'Blue' 'Sky'
'BlueSky'
```

4.1.2　字符串的转义符

特殊符号(不可打印符号)可以使用转义序列表示。转义序列以反斜杠开始,紧跟一个字母,如"\n"(新行)和"\t"(制表符)。如果字符串中希望包含反斜杠,则它前面必须还有另一个反斜杠。

Python转义字符如表4-1所示。

表4-1　特殊符号的转义序列

转 义 序 列	字　　　符	转 义 序 列	字　　　符
\'	单引号	\f	换页(FF)
\"	双引号	\n	换行(LF)
\\	反斜杠	\r	回车(CR)
\a	响铃(BEL)	\t	水平制表符(HT)
\b	退格(BS)	\v	垂直制表符(VT)

例4-1　字符串常量示例。

```
>>> 'abc'                    >>> "xyz"
'abc'                        'xyz'
>>> 'abc\'x\''               >>> "x\tyz"
"abc'x'"                     'x\tyz'
>>> 'abc\"x\" '              >>> print "x\tyz"
'abc"x" '                    x       yz
>>> x = 'c:\\Python27'       >>> print "x'y'z"
>>> x                        x'y'z
'c:\\Python27'               >>> print "x\ny"
>>> print x                  x
c:\Python27                  y
```

4.1.3　字符串的基本操作

字符串支持序列的基本操作,包括索引访问、切片操作、连接操作、重复操作、判断成员资格操作、比较运算操作,以及求字符串长度、取最小值和最大值等。

例4-2　字符串分片操作示例。

```
>>> url = '<a href = "http://www.dlufl.edu.cn">大连外国语大学</a>'
```

```
>>> url[9:32]
'http://www.dlufl.edu.cn'
>>> url[34:-4]
大连外国语大学
>>> url = 'http://www.dlufl.edu.cn'
>>> url[-3:] = 'com'
Traceback (most recent call last):
  File "<pyshell#19>",line1,in ?
    url[-3:] = 'com'
TypeError: object doesn't support slice assignment
```

字符串是不可变的,因此上例中的分片复制是不合法的。

字符串可以通过操作符＋进行合并,通过操作符＊进行重复。

例 4-3　字符串合并、重复操作示例。

```
>>> len('hello')          ♯字符串长度:项的数量
5
>>> 'hello' + 'world'     ♯连接:新字符串
'helloworld'
>>> 'Hi' * 4              ♯重复:等同于'Hi' + 'Hi' + 'Hi' + 'Hi'
'HiHiHiHi'
```

从形式上讲,两个字符串对象相加创建了一个新的字符串对象,这个对象就是两个操作的对象内容相连。重复就像在字符串后再增加一定数量的本身。无论是哪种情况,Python都创建了任意大小的字符串。在 Python 中没有必要去做任何预声明,包括数据结构的大小,内置的 len 函数返回了一个字符串(或任意有长度的对象)的长度。例如,打印包含80 个横线的一行,有以下两种方式:

```
>>> print('-------- ...more... -------- ')
>>> print('-' * 80)
```

例 4-4　字符串的基本操作示例。

```
>>> s1 = 'abcxyz'          >>> s2 = '123'
>>> len(s1)                >>> s1 > s2
6                          True
>>> s1[3:]                 >>> 3 * s1
'xyz'                      '123123123'
                           >>> max(s1)
                           'z'
```

4.1.4　字符串方法

字符串是非常重要的数据类型,Python 提供了大量的函数支持字符串操作,可以使用 dir(" ")查看所有字符串操作函数列表,并使用内置函数 help()查看每个函数的帮助,字符串也是 Python 序列的一种,很多 Python 内置函数也支持对字符串的操作,同时字符串还支持一些特有的操作方法,例如,格式化操作、字符串查找、字符串替换等。

1. 字符串的拆分

split(sep＝None,maxsplit＝－1)：按指定字符（默认为空格）从左侧分隔字符串,返回包含分隔结果的列表。maxsplit 为最大分隔此处,默认为－1,无限制。

rsplit(sep＝None,maxsplit＝－1)：按指定字符（默认为空格）从右侧分隔字符串,返回包含分隔结果的列表。

partition(sep)：根据分隔符 sep 从左侧将原字符串分隔为三个部分,返回元组(left,sep,right),即分隔符前的字符串、分隔符字符串、分隔符后的字符串。

rpartition(sep)：根据分隔符 sep 从右侧将原字符串分隔为三个部分,返回元组(left,sep,right)。

例 4-5　字符串拆分示例。

```
>>> s1 = 'one, two, three'
>>> s1.split(', ')
['one', 'two', 'three']
>>> s1.split(', ', 1)
['one', 'two, three']
```

```
>>> s1.rsplit(', ', 1)
['one, two', 'three']
>>> s1.partition(', ')
('one', ', ', 'two,three')
>>> s1.rpartition(', ')
('one,two', ', ', 'three')
```

对于 split()方法和 rsplit()方法,如果不指定分隔符,则字符串中的任何空白符号（包括空格、换行符、制表符等）都将被认为是分隔符,返回包含最终分隔结果的列表。

```
>>> s = '\n\nNice\t\t to \n\n\n meet\t you!'
>>> s.split()
['Nice', 'to', 'meet', 'you!']
```

split()方法和 rsplit()方法还允许指定最大分隔次数,例如：

```
>>> s = '\n\nNice\t\t to \n\n\n meet you!'
>>> s.split(None, 2)
['Nice', 'to', 'meet you!']
>>> s.rsplit(None, 2)
['\n\nNice\t\t to', 'meet', 'you!']
>>> s.split(None, 6)
['Nice', 'to', 'meet', 'you!']
```

对于 partition()方法和 rpartition()方法,如果指定的分隔符不在原字符串中,则返回原字符串和两个空字符串。

```
>>> s = "apple, peach, banana, pear"
>>> t = s.split(',')
>>> t
['apple', 'peach', 'banana', 'pear']
>>> s.partition(',')
('apple', ',', 'peach, banana, pear')
```

```
>>> s.rpartition(',')
('apple, peach, banana', ',', 'pear')
>>> s = "2017 - 08 - 01"
>>> t = s.split(' - ')
>>> t
['2017', '08', '01']
>>> list(map(int, t))
[2017, 8, 1]
```

2. 字符串的组合

与 split()方法相反,join()方法用来将列表中多个字符串进行连接,并在相邻两个字符串之间插入指定字符。

```
>>> li = ["apple","peach","banana", "pear"]
>>> sep = ","
>>> s = sep.join(li)
>>> s
'apple,peach,banana,pear'
```

字符串也支持使用运算符＋进行合并(将两个字符串合并成为一个新的字符串),使用运算符 * 进行重复(通过再重复一次创建一个新的字符串):

```
>>> S
'Spam'
>>> S + 'xyz'              #连接
'Spamxyz'
>>> S                      #S为改变
'Spam'
>>> S * 4                  #重复
'SpamSpamSpamSpam'
```

注意:运算符＋对于不同的对象有不同的意义:对于数字为加法,对于字符串为合并。使用运算符＋连接字符串效率较低,应优先使用 join()方法。

例 4-6　字符串组合示例。

```
>>> s1 = ('a', 'b', 'c')              >>> s2.join('123')
>>> s2 = ':'                          '1: 2: 3'
>>> s2.join(s1)
'a: b: c'
```

3. 字符串的查找

find(sub[,start[,end]]):查找一个字符串在另一个字符串指定范围(默认是整个字符串)中首次出现的位置,返回下标,没有则返回−1。

rfind(sub[,start[,end]]):查找一个字符串在另一个字符串指定范围(默认是整个字符串)中最后一次出现的位置,返回下标,没有则返回−1。

index(sub[,start[,end]]):返回一个字符串在另一个字符串指定范围中首次出现的位置,如果不存在则抛出异常。

rindex(sub[,start[,end]]):返回一个字符串在另一个字符串指定范围中最后一次出现的位置,如果不存在则抛出异常。

count(sub[,start[,end]]):返回一个字符串在另一个字符串中出现的次数。

```
>>> S = 'Spam'
>>> S.find('pa')              #查找子串的起始位置
1
>>> S.find('at')
```

```
-1
>>> S.find('S')
0
```

注意：字符串的 find()方法并不返回布尔值,如果返回的是 0,则说明在索引 0 位置找到了子串。

例 4-7 字符串查找示例。

```
>>> s = "apple, peach, banana, peach, pear"
>>> s.find("peach")            #返回第一次出现的位置
6
>>> s.find("peach", 7)         #从指定位置开始查找
19
>>> s.find("peach", 7, 20)     #在指定范围中查找
-1
>>> s.rfind('p')               #从字符串尾部向前查找
-1
>>> s.index('p')               #返回首次出现的位置
1
>>> s.index('pe')              #返回首次出现的位置
6
>>> s.index('pear')            #返回首次出现的位置
25
>>> s.index('pink')            #指定子字符串不存在时抛出异常
ValueError: substring not found
>>> s.count('p')               #统计子字符串出现的次数
5
>>> s.count('pink')
0
```

4．字符串替换

replace(old,new[,count])：替换字符串中指定字符或子字符串的所有重复出现,每次只能替换一个字符或一个字符串。返回所有匹配项均被替换之后得到的字符串。

```
>>> 'This is a test'.replace('is','eez')
'Theez eez a test'
```

replace()方法类似于文字处理程序中的"查找并替换"功能。

```
>>> S = 'Spam'
>>> S.replace('pa','XYZ')      #用一个子串替代另一个
'SXYZm'
>>> S
'Spam'
```

例 4-8 字符串替换示例。

```
>>> s1 = '中国,中国'
>>> print s1
>>> s2 = s1.replace('中国','中华人民共和国')
>>> print s2
```

中华人民共和国,中华人民共和国

尽管这些字符串方法的命名有改变的含义,但是都不会改变原始的字符串,而是会创建一个新的字符串,这是因为字符串具有不可变性,字符串方法是 Python 中文本处理的重要工具。

5. 大小写转换

lower():转换为小写。

upper():转换为大写。

capitalize():转换为首字母大写,其余小写。

title():转换为个单词首字母大写。

swapcase():大小写互换。

```
>>> 'Brave Heart'.lower()
'brave heart'
```

如果想要编写"不区分大小写"的代码,即忽略大小写状态,例如,如果想在列表中查找一个用户名是否存在:列表包含字符串'gumby',而用户输入的是'Gumby',就找不到了:

```
>>> if 'Gumby' in ['gumby', 'smith', 'jones']: print 'Found it!'
...
>>>
```

同样的,如果存储的是'Gumby',而用户输入'gumby'或者'GUMBY',也是找不到的。解决方法就是在存储和搜索时把所有名字都转换为小写,代码如下:

```
>>> name = 'Gumby'
>>> names = ['gumby', 'smith', 'jones']
>>> if name.lower() in names: print 'Found it!'
...
Found it!
>>>
```

例 4-9 字符串大小写转换示例。

```
>>> s1 = 'red car'
>>> s2 = 'Pacal Case'
>>> s3 = 'python27'
>>> s4 = 'iPhone7'
>>> s1.capitalize()
'Red car'
```

```
>>> s2.lower()
'pacal case'
>>> s3.upper()
'PYTHON27'
>>> s2.swapcase()
'pACAL cASE'
>>> s1.title()
'Red Car'
```

6. 字符串的翻译和转换

maketrans():用来生成字符映射表。

translate():按照映射表关系转换字符串并替换其中的字符,使用这两个方法的组合可以同时处理多个不同的字符,replace()方法则无法满足这一要求。

在使用 translate()转换之前,需要先完成一张转换表。转换表中是以某字符替换某字符的对应关系。因为这个表(事实上是字符串)有多达 256 个项目,用户无须自己完成,而是使用 string 模块里面的 maketrans()函数即可。

maketrans()函数接收两个参数:两个等长的字符串,表示第一个字符串中的每个字符都用第二个字符串中相同位置的字符替换。

例 4-10　字符串翻译和翻转示例。

```
>>> from string import maketrans
>>> table = maketrans('1234567', 'abcdefg')
>>> s = '1 3 4 7'
>>> s.translate(table)
'a c d g'
```

7. 填充、空白和对齐

strip([chars]):删除两端的空白字符或连续的指定字符。

lstrip([chars]):删除左端的空白字符或连续的指定字符。

rstrip([chars]):删除右端的空白字符或连续的指定字符。

zfill(width):从左侧填充,使用 0 填充到 width 宽度。

center(width[,fillchar]):两端填充,使用填充字符 fillchar(默认空格)填充,返回指定宽度的新字符串。

ljust(width[,fillchar]):左端填充,使用填充字符 fillchar(默认空格)填充,返回指定宽度的新字符串。

rjust(width[,fillchar]):右端填充,使用填充字符 fillchar(默认空格)填充,返回指定宽度的新字符串。

例 4-11　字符串填充、空白和对齐示例。

```
>>> s1 = '123'                       >>> len(s2)
>>> s2 = '  123 '                     6
>>> s2.strip()                        >>> s1.center(5, ' ')
'123'                                 '123 '
>>> s2.lstrip()                       >>> s1.ljust(5)
'123 '                                '123  '
>>> s1.zfill(5)                       >>> s1.rjust(5, '0')
'00123'                               '00123'
```

8. 字符串类型判断

isalnum():是否全为字母或数字。

isalpha():是否全为字母。

isdigit():是否全为数字(0～9)。

isindentifier():是否是合法标识。

islower():是否全小写。

isupper():是否全大写。

isnumeric()：是否只包含数字字符。

isprintable()：是否只包含可打印字符。

isspace()：是否只包含空白字符。

istitle()：是否为标题，即各单词首字母大写。

例 4-12　字符串类型判断示例。

```
>>> s1 = 'red car'                    >>> s4.isalnum()
>>> s2 = 'Pacal Case'                 True
>>> s3 = 'python27'                   >>> s3.isnumeric()
>>> s4 = 'iPhone7'                    True
>>> s1.islower()                      >>> s1.isdigit()
True                                  False
>>> s2.isupper()                      >>> s2.istitle()
False                                 True
```

9. 字符串求值

eval()：转换字符串为 Python 表达式并求值。

例 4-13　字符串求值操作示例。

```
>>> eval("3 + 4")                     >>> eval(s)
7                                     64
>>> a = 3                             >>> eval('2 + 5 * 4')
>>> b = 5                             22
>>> eval('a + b')                     >>> eval('6/2 + 3')
8                                     6
>>> s = '8 * 8'                       >>> eval('98.9')
                                      98.9
```

10. 字符串开始或结束

startswith()：判断字符串是否以指定字符串开始。

endswith()：判断字符串是否以指定字符串结束。

这两个方法可以接收两个整数参数来限定字符串的检测范围。

例 4-14　字符串开始或结束判断示例。

```
>>> s = 'Love means never having to say you're sorry. '

>>> s.startswith('Lo')
True
>>> s.startswith('Lo', 5)
False
>>> s.startswith('Lo', 0, 5)
True
>>> s.endswith('ry')
False
>>> s.endswith('ry.')
True
```

另外,这两个方法还可以接收一个字符串元组作为参数来表示前缀或后缀,例如,下面的代码可以列出指定文件夹下所有扩展名为 bmp、jpg 或 gif 的图片。

```
>>> import os
>>> [filename for filename in os.listdir(r'D:\\') if filename.endswith(('.bmp', '.jpg',
'.gif'))]
```

4.1.5　字符串的格式化

如果需要将其他类型数据转换为字符串或另一种数据格式,或者嵌入其他字符串或模板中再进行输出,就需要用到字符串格式化。Python 中字符串格式化的格式如图 4-1 所示,字符串格式化使用字符串格式化操作符即百分号"%"来实现。"%"符号之前的部分为格式字符串,之后的部分为需要进行格式化的内容。

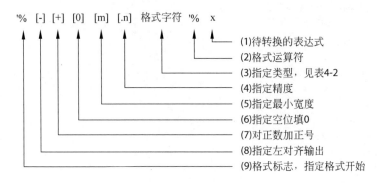

图 4-1　字符串格式化

与其他语言一样,Python 支持大量的格式字符,常见的格式字符如表 4-2 所示。

表 4-2　格式字符

格式字符	说　　明	格式字符	说　　明
s	字符串(采用 str() 的显示)	x	十六进制整数
r	字符串(采用 repr() 的显示)	X	十六进制整数(大写)
c	单个字符	e	指数(基底写为 e)
b	二进制整数	E	指数(基底写为 E)
d	十进制整数	f	浮点数
i	十进制整数	g	指数(e)或浮点数(根据显示长度)
u	无符号整数	G	指数(E)或浮点数(根据显示长度)
o	八进制整数	%	字符 %

格式化操作符的右操作数可以是任何东西,如果是元组或者字典,那么字符串格式化将会有所不同。如果右操作符是元组的话,则其中的每一个元素都会被单独格式化,每个值都需要一个对应的转换说明符。

基本的转换说明包括以下部分。注意,这些项的顺序至关重要。

(1) % 字符:标记转换说明符的开始。

(2) 转换标志(可选):一表示左对齐;+表示在转换值之前要加上正负号;""(空白字

符)表示正数之前保留空格；0 表示转换值,若位数不够则用 0 填充。

（3）最小字段宽度(可选)：转换后的字符串至少应该具有该值指定的宽度。如果是 *,则宽度会从值元组中读出。

（4）点(.)后跟精度值(可选)：如果转换的是实数,精度值就表示出现在小数点后的位数。如果转换的是字符串,那么该数字就表示最大字段宽度。如果是 *,那么精度将会从元组中读出。

（5）转换类型。参见表 4-2。

接下来将对转换说明符的各个元素进行讨论。

1. 简单转换

简单的转换只需要写出转换类型,使用起来很简单,例如：

```
>>> 'Price of eggs: $ % d' % 42
'Price of eggs: $ 42'
>>> 'Hexadecimal price of eggs: % x' % 42
'Hexadecimal price of eggs:2a'
>>> from math import pi
>>> 'Pi: % f... ' % pi
'Pi:3.141593... '
>>> 'Very inexact estimate of pi: % i' % pi
'Very inexact estimate of pi: 3'
>>> 'Using str: % s' % 42L
'Using str: 42'
>>> 'Using repr: % r' % 42L
'Using repr: 42L'
```

2. 字段宽度和精度

转换说明符可以包括字段宽度和精度。字段宽度是转换后的值所保留的最小字符格式,精度(对于数字转换来说)则是结果中应该包含的小数位数,或者(对于字符串转换来说)是转换后的值所能包含的最大字符个数。

这两个参数都是整数,通过点号(.)分隔。虽然两个都是可选的参数,但如果只给出精度,就必须包含点号。

```
>>> '% 10f ' % pi          #字符宽度 10
' 3.141593'
>>> '% 10.2f ' % pi        #字符宽度 10,精度 2
'     3.14'
>>> '% .2f ' % pi          #精度 2
'3.14'
>>> '% .5s' % 'House of cards'
'House'
```

3. 字符对齐和 0 填充

在字段宽度和精度值之前还可以放置一个"标表",该标表可以是零、加号、减号或后空格。零表示数字将会用 0 进行填充。

```
>>> '%010.2f' % pi
'0000003.14'
```

注意,在 010 中开头的那个 0 并不意味着字段宽度说明符为八进制数,它只是个普通的 Python 数值。当使用 010 作为字段宽度说明符的时候,表示字段宽度为 10,并且用 0 填充空位,而不是说字段宽度为 8:

```
>>> 010
8
```

减号(-)用来左对齐数值:

```
>>> '%-10.2f' % pi
'3.14      '
```

可以看到,在数字的右侧多出了额外的空格。

而空白("")意味着在正数前加上空格。这在需要对齐正负数时会很有用:

```
>>> print ('% +5d' % 10) + '\n' + ('% 5d' % -10)
 +10
 -10
```

例 4-15 字符串格式化示例——使用给定宽度打印格式化后的价格列表。

```
width = input('Please enter width: ')
price_width = 10
item_width = width - price_width
header_format = '%-*s%*s'
format = '%-*s%*.2f'
print' ' * width
print header_format % (item_width,'Item', price_width,'Price')
print'-' * width
print format   % (item_width ,'Apples',price_width,1.4)
print format   % (item_width ,'Pears',price_width,1.5)
print format   % (item_width ,'Cantaloupes',price_width,1.85)
print format   % (item_width ,'Bananas',price_width,2.8)
print format   % (item_width ,'Oranges',price_width,2.2)
print'-' * width
```

运行结果如下:

```
Please enter width: 35
 ===================================
Item                      Price
-----------------------------------
Apples                    1.40
Pears                     1.50
Cantaloupes               1.85
Bananas                   2.80
Oranges                   2.20
 -----------------------------------
```

4.1.6   案例精选

案例 4-1   使用 find()方法建立一个垃圾邮件过滤器。

```
>>> sentence = '$ $ $ Get up now!!! $ $ $'
>>> sentence.find('$ $ $')
0
```

注意：字符串的 find()方法并不返回布尔值,如果返回的是 0,则说明在索引 0 位置找到了子串。

这个方法还可以接收可选的起始点和结束点参数：

```
>>> sentence = '$ $ $ Get up now!!! $ $ $'
>>> sentence.find('$ $ $')
0
>>> sentence.find('$ $ $', 1)      # 只提供起始点
18
>>> sentence.find('!!!')
14
>>> sentence.find('!!!', 0, 16)    # 提供起始点和结束点
-1
```

注意,由起始和终止值指定的范围(第二个和第三个参数)包含第一个索引,但不包含第二个索引,这在 Python 中是惯例。

案例 4-2   输入任意字符串,统计其中元音字母('a'、'e'、'i'、'o'、'u',不区分大小写)出现的次数。

```
>>> s1 = raw_input("请输入字符串:")
# "You make me happier than I ever thought I could be."
>>> s2 = s1.upper()                    # 转换为大写
>>> countall = len(s1)
>>> counta = s2.count('A')
>>> counte = s2.count('E')
>>> counti = s2.count('I')
>>> counto = s2.count('O')
>>> countu = s2.count('U')
>>> print('所有字母的总数为:', countall)
    print('元音字母出现的次数为:')
    print('A:{0}'.format(counta))
    print('E:{0}'.format(counte))
    print('I:{0}'.format(counti))
    print('O:{0}'.format(counto))
    print('U:{0}'.format(countu))
```

案例 4-2 运行结果如下：

请输入字符串：You make me happier than I ever thought I could be。

所有字母的总数为：53

元音字母出现的次数和频率分别为：

```
A:3
E:6
I:3
O:3
U:3
```

4.2　正则表达式

正则表达式是字符串处理的有力工具和技术,正则表达式使用预定义的特定模式去匹配一类具有共同特征的字符串,主要用于字符串处理,可以快速、准确地完成复杂的查找、替换等处理操作。

Python 中,re 模块提供了正则表达式操作所需要的功能。本节首先介绍正则表达式的基础知识,然后介绍 re 模块提供的正则表达式函数与对象的用法。

4.2.1　简单的正则表达式

正则表达式由元字符及其不同组合来构成,通过巧妙地构造正则表达式可以匹配任意字符串,并完成复杂的字符串处理任务,常用的正则表达式元字符如表 4-3 所示。

表 4-3　正则表达式常用元字符

元字符	功 能 说 明
.	匹配除换行符以外的任意单个字符
*	匹配位于 * 之前的字符或子模式的 0 次或多次出现
＋	匹配位于＋之前的字符或子模式的 1 次或多次出现
－	用在[]内用来表示范围
|	匹配位于|之前或之后的字符
^	匹配行首,匹配以^后面的字符开头的字符串
$	匹配行尾,匹配以 $ 之前的字符串结束的字符串
?	匹配位于"?"之前的 0 个或 1 个字符。当此字符紧随任何其他限定符(* 、＋、?、{n}、{n,}、{n,m})之后时,匹配模式是"非贪心的"。"非贪心的"模式匹配搜索到的、尽可能短的字符串,而默认的"贪心的"模式匹配搜索到的、尽可能长的字符串
\	表示位于\之后的为转义字符
\sum	此处的 sum 是一个正整数。例如,"(,)\1"匹配两个连续的相同字符
\f	换行符匹配
\n	换行符匹配
\n	换行符匹配
\r	匹配一个回车符
\b	匹配单词的开头或结尾
\B	与\b 含义相反
\d	匹配任何数字,相当于[0-9]
\D	与\d 含义相反,等效于[^0-9]
\s	匹配任何空白字符,包括空格、制表符、换页符,与[\f\n\r\t\v]等效
\S	与\s 含义相反

元字符	功能说明
\w	匹配任何字母、数字以及下画线相当于[a-Za-z09_]
\W	与\w含义相反
()	将位于()内的内容作为一个整体来对待
{}	按{}中的次数进行匹配
[]	匹配位于[]中的任意一个字符
[^xyz]	反向字符集,匹配指定范围内的任何字符
[a-z]	字符范围,匹配指定范围内的任何字符
[^a-z]	反向范围字符,匹配除小写英文字母之外的任何字符

如果以"\"开头的元字符与转义字符相同,则需要使用"\ \"或者原始字符串,在字符串前加上字符"r"或"R"。原始字符串可以减少用户的输入,主要用于正则表达式和文件路径字符串,如果字符串以一个斜线"\"结束,则需要多写一个斜线,以"\ \"结束。

具体应用时,可以单独使用某种类型的元字符,但处理复杂字符串时,经常需要将多个正则表达式元字符进行组合,下面给出了几个简单的示例:

(1) 最简单的正则表达式是普通字符串,可以匹配自身。

(2) '[pyc]ython'可以匹配'python','jython','cython'。

(3) '[a-zA-Z0-9]'可以匹配一个任意大小写字母或数字。

(4) '[^abc]'可以匹配任意除'a','b','c'之外的字符。

(5) 'python|perl'或'p(ython|erl)'都可以匹配'python'或'perl'。

(6) 子模式后面加上问号表示可选。r'(http://)?(www\.)?python\. org'只能匹配'http://www. python. org'、'http://python. org'、'www. python. org'和'python. org'.

(7) '^http'只能匹配所有以'http'开头的字符串。

(8) '(pattern)' * :只允许模式重复0次或多次。

(9) '(pattern)'+:只允许模式重复1次或多次。

(10) '(pattern){m,n}':只允许模式重复 m～n 次。

(11) '(a|b) * c':匹配多个(包含0个)a或b,后面紧跟一个字母c。

(12) 'ab{1,}':等价于'ab+',匹配以字母 a 开头后面带1个至多个字母 b 的字符串。

(13) '^[a-zA-Z]{1} a-zA-Z0-9.]{4,19}$':匹配长度为5～20的字符串,必须以字母开头、可带数字、"_"、"."的字符串。

(14) '^(\w){6,20}$':匹配长度为6～20的字符串,可以包含字母、数字、下画线。

(15) ^\d{1,3}\. \d{1,3}\.\d{1,3}\.\d{1,3}$':检查给定字符串是否为合法 IP。

(16) '^(13[4-9]\d{8})|(15[01289]\d{8})$':检查给定字符串是否为移动手机号码。

(17) '[a-zA-Z] +$':检查给定字符串是否包含英文大小写。

(18) '^\w+@(\w+\.)+\w+ $':检查给定字符串是否为合法电子邮件地址。

(19) '^(\-)?\d+(\. \ d{1,2})?$ ':检查给定字符串是否为最多带有2位小数的正数或负数。

(20) '[\u4e00-\u9fa5]':匹配给定字符串中的所有汉字。

(21) '^\d{18}|d{15}$ ':检查给定字符串是否为合法身份证格式。

(22) '\d{4}-\d{1,2}-\d{1,2}'：匹配指定格式的日期，例如 2017-08-01。

(23) '^(?=.*[a-z])(?.*[A-Z])(?=.*\d)(?=.*[,._]).{8,}$'：检查给定字符串是否为强密码，必须同时包含英语大写字母、英文小写字母、数字或特殊符号（如英文逗号、英文句号、下画线），并且长度必须至少为 8 位。

(24) "(?!.*[\'\"\/；＝％?]).+"：如果给定字符串中包含'、"、/、；、=、%、? 则匹配失败。

(25) '(.)\\1+'：匹配任意字符的 1 次或多次重复出现。

在具体构造正则表达式时，要注意到可能会发生的错误，尤其是涉及特殊字符的时候，例如下面这段代码，作用是用来匹配 Python 程序中的运算符，但是因为有些运算符与正则表达式的元字符相同而引起歧义，如果处理不当则会造成理解错误，需要进行必要的转义处理。

例 4-16 字符串转义处理示例。

```
>>> import re
>>> symbols = [',', '+', '-', '* ','/', '//', '** ', '>> ', '<< ', '+ = ', '- = ', '* = ',
'/ = ']
>>> for i in symbols:
    pattern = re.compile(r'\s * ' + i + r'\s * ')
error: multiple repeat
>>> for i in symbols:
    pattern = re.compile(r'\s * ' + re.escape(i) + r'\s * ')
```

4.2.2　re 模块主要方法

在 Python 中，主要使用 re 模块来实现正则表达式的操作。该模块的常用方法如表 4-4 所示，具体使用时，既可以直接使用 re 模块的方法进行字符串处理，也可以将模式编译为正则表达式对象，然后使用正则表达式对象的方法来操作字符串。

表 4-4　re 模块常用方法

方　　法	功 能 说 明
compile(pattern[,flags])	创建模式对象
search(pattern,string[,flags])	在整个字符串中寻找模式，返回 match 对象或 None
match(pattern,string[,flags])	从字符串的开始处匹配模式，返回 match 对象或 None
findall(pattern,string[,flags])	列出字符串中模式的所有匹配项
split(pattern,string[,maxsplit=0]	根据模式匹配项分隔字符串
sub(pat,repl,string[,count=0])	将字符串中所有 pat 的匹配项用 repl 替换
escape(string)	将字符串中所有特殊正则表达式字符转义

其中，函数参数 flags 的值可以是 re.I(忽略大小写)、re.L、re.M(多行匹配模式)、re.S(使元字符"."匹配任意字符，包括换行符)、re.U(匹配 Unicode 字符)、re.X(忽略模式中的空格，并可以使用#注释)的不同组合(使用"|"进行组合)。

例 4-17 使用 re 模块的方法来实现正则表示操作。

```
>>> import re
```

```
>>> text = 'apple.peach....banana. pear'
>>> re.split('[\.] + ', text)
['apple', 'peach', 'banana', 'pear']
>>> re.split('[\.] + ', text,maxsplit = 2)        #分隔两次
['apple', 'peach', 'banana. pear']
>>> pat = '[a-zA-Z] + '
>>> re.findall(pat, text)                         #查找所有单次
['apple', 'peach', 'banana', 'pear']
>>> pat = '{name}'
>>> text = 'Dear {name}...'
>>> re.sub(pat, 'Mrs.Liu', text)                  #字符串替换
'Dear Mrs.Liu...'
>>> s = 'a s d'
>>> re.sub('a|s|d', 'good',s)                     #字符串替换
'good good good'
>>> re.escape('http://www.dlufl.edu.cn')          #字符串转义成功
'http\\:\\/\\/\\/www\\.dlufl\\.edu\\.cn'
>>> print re.match('done|quit','done')            #匹配成功
<_sre.SRE_Match object at 0x000000000A50BED0 >
>>> print re.match('done|quit','done!')           #匹配成功
<_sre.SRE_Match object at 0x000000000A50F168 >
>>>> print re.match('done|quit','doe!')           #匹配不成功
None
>>>>  print re.search('done|quit','d! one! done') #匹配成功
<_sre.SRE_Match object at 0x000000000A50F780 >
```

例 4-18 删除字符串中多余的空格,连续多个空格只保留一个。

```
>>> import re
>>> s = 'aaa    bb     c d e  fff    '
>>> re.sub('\s + ',' ',s)                          #直接使用 re 模块的字符串替换方法
'aaa bb c d e fff '
>>> re.split('[\s] + ',s.strip())                  #同时删除了字符串尾部的空格
['aaa', 'bb', 'c', 'd', 'e', 'fff']
>>> ' '.join(re.split('[\s] + ',s.strip()))
'aaa bb c d e fff'
>>> ' '.join(re.split('\s + ',s.strip()))
'aaa bb c d e fff'
>>> s.split()                                      #不适用正则表达式
['aaa', 'bb', 'c', 'd', 'e', 'fff']
>>> ' '.join(s.split())
'aaa bb c d e fff'
```

例 4-19 以"\"开头的元字符来实现字符串的特定搜索。

```
>>> import re
>>> words = 'A bird is known by its note, and a man by his talk. '
>>> re.findall('\\ba. + ?\\b',words)     #以 a 开头的完整单词
['and', 'a ']
>>> re.findall('\\ba\w * \\b',words)
['and', 'a']
>>> re.findall('\\Bn. + ?\\b',words)     #含有 n 字母的单词中第一个非首字母 n 的剩余部分
```

```
['nown', 'nd', 'n ']
>>> re.findall(r'\b\w. + ?\b',words)    #使用原始字符串,减少需要输入的符号
['A ','bird', 'is','known', 'by','its','note','and', 'a ','man','by','his','talk']
>>> re.split('\s',words)
['A ','bird', 'is','known', 'by','its','note','and', 'a ','man','by','his','talk.', ' ']
#使用任何空白字符分隔字符串
```

4.2.3　使用正则表达式对象

compile()方法:将正则表达式编译从生成正则表达式对象然后用正则表达式对象提供的方法进行字符串处理,使用编译后的正则表达式对象可以提高字符串处理速度。

match(string[,pos[,endpos]])方法:在字符串开头或指定位置进行搜索,模式必须出现在字符串开头或指定位置。

search(string[,pos[,endpos]])方法:在整个字符串或指定范围中进行搜索。

findall(string[,pos[,endpos]])方法:在字符串中查找所有符合正则表达式的字符串,返回列表形式。

例 4-20　使用正则表达式对象示例。

```
>>> import re
>>> words = 'Knowledge is a treasure, but practice is the key to it. '
>>> pat = re.compile(r'\bK\w + \b')         #以 K 开头的单词
>>> pat.findall(words)
['Knowledge']
>>> pat = re.compile(r'\w + e\b')            #以 e 结尾的单词
>>> pat.findall(words)
['Knowledge', 'treasure', 'practice', 'the']
>>> pat = re.compile(r'\b[a - zA - Z]{3}\b')  #查找 3 个字母的单词
>>> pat.findall(words)
['but', 'the', 'key']
>>> pat.match(words)                        #从字符串开头开始匹配,不成功,没有返回值
>>> pat.search(words)                       #在整个字符串中搜索,成功
<_sre.SRE_Match at 0xa4caac0 >
>>> pat = re.compile(r'\b\w * a\w * \b')     #查找所有含有字幕 a 的单词
>>> pat.findall(words)
['a', 'treasure', 'practice']
>>> text = 'He was carefully distuised but captured quickly by police. '
>>> re.findall(r"\w + ly",text)             #查找所有副词
['carefully', 'quickly']
```

4.2.4　子模式与 match 对象

使用圆括号"()"表示一个子模式,圆括号内的内容作为一个整体出现,例如"(good)＋"可以匹配 goodgood、goodgoodgood 等多个重复 good 的情况。

正则表达式模块或正则表达式对象的 match()方法和 search()方法匹配成功后都会返回 match 对象。match 对象的主要方法如下。

group():返回匹配的一个或多个子模式内容。

groups()：返回一个包含匹配的所有子模式内容的元组。

groupdict()：返回包含匹配的所有命名子模式内容的字典。

start()：返回指定子模式内容的起始位置。

end()：返回指定子模式内容的结束位置的前一个位置。

span()：返回一个包含指定子模式内容起始位置和结束位置前一个位置的元组。

例 4-21   使用 re 模块的 search()方法返回的 match 对象删除字符串中指定的内容。

```
>>> import re
>>> email = "12345@mail.dlufl.edu.cn"
>>> m = re.search("mail.",email)
>>> email[:m.start()] + email[m.end():]
'12345@dlufl.edu.cn'
```

例 4-22   使用 re 模块的 match()方法示例。

```
>>> m = re.match(r"(\w+) (\w+)","Isaac Newton,physicist")
>>> m.group(0)                    #返回整个模式内容
'Isaac Newton'
>>> m.group(1)                    #返回第 1 个子模式内容
'Isaac'
>>> m.group(2)                    #返回第 2 个子模式内容
'Newton'
>>> m.group(1,2)                  #返回指定的多个子模式内容
('Isaac', 'Newton')
>>> m = re.match(r"(?P<first_name>\w+) (?P<last_name>\w+)","Michael Jordan")
>>> m.group('first_name')
'Michael'
>>> m.group('last_name')
'Jordan'
>>> m = re.match(r"(\d+)\.(\d+)","3.1415926")
>>> m.groups()
('3', '1415926')
>>> m = re.match(r"(?P<first_name>\w+) (?P<last_name>\w+)","Michael Jordan")
>>> m.groupdict()
{'first_name': 'Michael', 'last_name': 'Jordan'}
```

4.2.5   案例精选

案例 4-3   编写程序，用户输入一段英文，然后输出这段英文中所有长度为 3 个字母的单词。

```
>>> import re
>>> x = input('Please input a string:')
>>> pattern = re.compile(r'\b[a-zA-Z]{3}\b')
>>> print(pattern.findall(x))
```

案例 4-4   有一段英文文本，其中有单词连续重复了 2 次，编写程序检查重复的单词并只保留一个。例如文本内容为"This is is an apple."，程序输出为"This is an apple."

```
>>> import re
>>> x = 'This is is an apple.'
```

```
>>> pattern = re.compile(r'\b(\w+)(\s+\1){1,}\b')
>>> matchResult = pattern.search(x)
>>> x = pattern.sub(matchResult.group(1),x)
>>> x
'This is an apple.'
```

习题 4

一、单选题

1. 当需要在字符串中使用特殊字符时,Python 使用(   )作为转义符。

    A. \   B. /   C. ♯   D. ％

2. 设 s＝"I love you!",则 s[3:8]的输出结果是(   )。

    A. 'love y'   B. 'oveyou'   C. 'ove yo'   D. 'veyou'

3. Python 语句 s1＝'good girl'; s1. replace('good','Bad')的输出结果是(   )。

    A. 'Bad girl '   B. 'bad girl '

    C. 'good girl,bad girl '   D. 'Bad Girl '

4. Python 语句 s1 ＝ 'good boy'; s1. title()的输出结果是(   )。

    A. 'Bad boy '   B. 'bad boy '   C. 'bad boy '   D. 'Bad boy '

5. Python 语句 s1＝'a,b,c'; s1. split(',')的输出结果是(   )。

    A. ['a,b,c]   B. [a,b,c]   C. ['a','b','c']   D. ('a','b','c')

6. Python 语句 s1 ＝ 'x,y,z'; s1. partition(',')的输出结果是(   )。

    A. ('x',',',',' y,z')   B. ('x,y',',',' z')

    C. (',',' x',' y,z')   D. ('x',' y,z',',')

7. Python 表达式','. join('TomandJerry'. split('and'))的值为(   )。

    A. 'TomJerry '   B. 'Tom,Jerry '

    C. 'Tomand,Jerry'   D. 'Tom,'Jerry'

8. Python 语句'thank'＋'you'的输出结果是(   )。

    A. 'thank you'   B. 'thank' 'you'

    C. 'thank' ＋'you'   D. 'thank','you'

二、多项选择题

1. 关于 Python 字符串,下列说法正确的是(   )。

    A. 字符即长度为 1 的字符串

    B. 字符串以\0 标志字符串的结束

    C. 既可以用单引号,也可以用双引号创建字符串

    D. 在三引号字符串中可以包含换行回车等特殊字符

    E. 字符串是可变序列类型

2. 字符串支持的基本操作包括(   )。

    A. 索引访问   B. 切片操作   C. 连接操作   D. 重复操作

    E. 查找操作

3. 可以实现字符串查找的方法包括(　　　)。
　　A. find( )　　　　　　B. replace( )　　　　　C. index( )　　　　　D. count( )
　　E. eval( )
4. Python 字符串可以用(　　　)方式定义。
　　A. 单引号(' ')　　　　　　　　　　　　B. 双引号(" ")
　　C. 三单引号(''' ''')　　　　　　　　　D. 三双引号(""" """)
　　E. 方括号([ ])
5. Python 中的可变数据类型有(　　　)。
　　A. 列表　　　　　　　B. 字典　　　　　　C. 字符串　　　　　D. 数字
　　E. 元组
6. Python 中的不可变数据类型有(　　　)。
　　A. 列表　　　　　　　B. 字典　　　　　　C. 字符串　　　　　D. 数字
　　E. 元组
7. Python 中属于有序序列的有(　　　)。
　　A. 列表　　　　　　　B. 字典　　　　　　C. 字符串　　　　　D. 数字
　　E. 元组
8. 以下说法正确的是(　　　)。
　　A. 正则表达式元字符"^"一般用来表示从字符串开始处进行匹配
　　B. 正则表达式元字符"^"用在一对方括号中的时候则表示反向匹配
　　C. 正则表达式元字符"\s"用来匹配任意空白字符
　　D. 正则表达式元字符"\d"用来匹配任意数字字符
　　E. 正则表达式元字符"\ * "用来匹配位于 * 之前的字符或子模式的 1 次或多次出现

三、判断题

1. 由于引号表示字符串的开始和结束,所以字符串本身不能包含引号。　　　　　(　　)
2. 字符串属于不可变序列类型。　　　　　　　　　　　　　　　　　　　　　(　　)
3. 字符串连接操作时使用运算符(+)连接字符串效率较低,应优先使用 join( )方法。
　　　　　　　　　　　　　　　　　　　　　　　　　　　　　　　　　　　(　　)
4. 表达式'aaasdf'. lstrip('af')的值为'sdf'。　　　　　　　　　　　　　　　(　　)
5. 表达式'aaasdf'. lstrip('as')的值为'df'。　　　　　　　　　　　　　　　(　　)
6. 表达式'tea01'. isalpha( )的值为 True。　　　　　　　　　　　　　　　　(　　)
7. 已知 table＝''. maketrans('abcw','xyzc'),那么表达式'Hellow world'. translate
(table)的值为'Helloc world'。　　　　　　　　　　　　　　　　　　　　　　(　　)
8. 'Thank you'. swapcase( ). swapcase( )的值为'Thank you'。　　　　　　　(　　)
9. '1234567'. split('4')的值为['123','567']。　　　　　　　　　　　　　(　　)
10. Python 语句'%8.3f ' % pi 的含义是字符宽度为 8,精度为 3 的 pi。　　　　(　　)

四、上机实践

字典 d＝{"姓名":"李雷","性别":"男","年龄":"20"},写出下列操作的代码。
1. 向字典中添加键值对"兴趣":"篮球"。
2. 修改"年龄"对应的值为"21"。
3. 删除"性别"对应的键值对。

第5章 程序控制结构

在传统的面向过程程序设计中有3种经典的控制结构,即顺序结构、选择结构和循环结构,再加上一些方便程序编写的其他语句,一个实际工程项目的编程问题就有了语句基础了。即使是在面向对象程序设计语言以及事件驱动或消息驱动应用开发中,也无法脱离这3种基本的程序结构。可以说,不管是用哪种程序设计语言,在实际开发中,为了实现特定的业务逻辑或算法,都不可避免地要用到大量的选择结构和循环结构,并且经常需要将选择结构和循环结构嵌套使用。

5.1 条件表达式

在选择结构和循环结构中,都要使用条件表达式来确定下一步的执行流程。在 Python 中,单个常量、变量或者任意合法表达式都可以作为条件表达式。在条件表达式中可以使用的运算符包括:

(1) 算术运算符:$+$、$-$、$*$、$/$、$//$、$\%$、$**$。

(2) 关系运算符:$>$、$<$、$==$、$<=$、$>=$、$!=$。

(3) 测试运算符:in、not in、is、is not。

(4) 逻辑运算符:and、or、not。

(5) 矩阵运算符:$\sim$、$\&$、$|$、$\wedge$、$<<$、$>>$。

(6) 位运算符:@。

在选择和循环结构中,条件表达式的值只要不是 False、0(或 0.0、0j 等)、空值 None、空列表、空元组、空集合、空字符串、空 range 对象或其他空迭代对象,Python 解释器均认为与 True 等价。从这个意义上讲,几乎所有的 Python 合法表达式都可以作为条件表达式,包括含有函数调用的表达式。例如:

例 5-1 条件表达式示例。

```
>>> if 3:              # 使用整数作为条件表达式
    print 5
5
>>> a = [1,2,3]        # 使用列表作为条件表达式
>>> if a:
    print a
[1, 2, 3]
>>> a = []
```

```
>>> if a:
    print a
else:
    print 'empty'
empty
>>> s = t = 0
>>> while s < = 10:          #使用关系表达式作为条件表达式
    t += s
    s += 1
>>> s = t = 0
>>> while True:              #使用常量 True 作为条件表达式
    t += s
    s += 1
    if s > 10:
        break
>>> t = 0
>>> for s in range(0,11,1):
    t += s
>>> s
10
>>> t
55
```

注意：在 Python 中，条件表达式不允许使用赋值运算符"＝"，避免误将关系运算符"＝＝"写作赋值运算符"＝"带来的麻烦，例如下面的代码，在条件表达式中使用赋值运算符"＝"将抛出异常，提示语法错误。

```
>>> if a = 3:
SyntaxError: invalid syntax
```

5.2　顺序结构

顺序结构是所有程序设计语言中执行流程的默认结构。在一个没有选择结构和循环结构的程序中，程序是按照语句书写的先后顺序依次执行的。图 5-1 是一个顺序结构的流程图，它有一个入口、一个出口，依次执行语句 1 和语句 2。实现程序顺序结构的语句主要是赋值语句和内置的输入函数(input())和输出函数(print())。

5.2.1　赋值语句

1．赋值语句的格式

基本赋值语句的格式：

<变量 1>, <变量 2>, …, <变量 n> = <表达式 1>, <表达式 2>, …, <表达式 n>

赋值语句的功能是分别将<表达式 1>,<表达式 2>,…,<表达式 n>的值赋给<变量 1>,<变量 2>,…,<变量 n>。

赋值语句还有增量赋值的形式：

<变量> += <表达式>

这种增量赋值语句等价于：

<变量> = <变量> + <表达式>

增量赋值语句不可以对多个变量增量赋值。可以用于增量赋值语句的运算符有＋＝、−＝、＊＝、/＝、//＝、＊＊＝、％＝、&＝、|＝、^＝、＞＞＝、＜＜＝。

赋值语句还可以写成下面的形式：

x = y = z = 1

该语句是将三个变量 x、y、z 都赋值为 1。

注意：Python 系统定义的对象是有类型的，变量没有类型。虽然通过赋值语句让某个变量得到表达式的值，但只是引用了这个对象的值（表达式的值）。所以，对于同一个变量，第一次通过赋值语句得到一个整数值，之后又可以通过赋值语句得到一个浮点类型的值。这就是变量没有类型，只是引用值的原因。

2. 赋值语句的应用

应用赋值语句的一个最经典的例子是交换两个变量的值。因为交换两个变量的值在后续内容中会经常用到，大量的实际问题中也需要交换两个变量的值。在其他程序设计语言中，这一段代码的经典写法是（使用第三方变量 t 暂存数据）：

```
t = x
x = y
y = t
```

Python 赋值语句的设计可以极其简单地完成交换两个变量的值的工作，只要一条语句即可解决：

```
>>> x, y = y, x
```

5.2.2 基本输入输出

数据的输入输出是应用程序不可缺少的功能。在 Python 3.x 中，数据的输入输出是通过调用函数来实现的，主要有 input()函数、print()函数。而在 Python 2.x 中，输入通过 input()函数，输出通过 print 语句。

1. input()函数

在 Python 语言中，使用 input()函数实现数据输入，input()函数的一般格式：

```
x = input('提示串')
```

例 5-2 input()函数示例。

```
>>> x = input('x =    ')
```

```
x =                        # 直接输入 12.5, x 是一个数字的字符串
>>> x
12.5
>>> x = input('x')
x = 'abcd'                 # 直接输入 'abcd', x 是字符串 'abcd'
>>> x
'abcd'
>>> x = float(input('x = '))
x =                        # 直接输入 3.1415926, 并转换为浮点型
>>> x
3.1415926
```

2. print 语句

print 语句可以采用格式化输出形式：

print '格式串'%(对象 1, 对象 2, ...)

其中，格式串用于指定后面输出对象的格式，格式串中可以包含随格式输出的字符，当然主要是对每个输出对象定义的输出格式。对于不同类型的对象采用不同的格式：

输出字符串：　　%s

输出整数：　　　%d

输出浮点数：　　%f

指定占位宽度：　%10s，%10d，%−10f(都是指定 10 位宽度)

指定小数位数：　%10.3f

指定左对齐：　　%−10s，%−10d，%−10f，%−10.3f

例如：

例 5-3　print 语句示例。

```
>>> print '%10d%10d%10.2f'%(1234568, 87655, 12.34567890123)
   1234568     87655     12.35
>>> print '%−10d%−10d%−10.2f'%(1234568, 87655, 12.34567890123)
1234568   87655      12.35
```

5.2.3　案例精选

案例 5-1　已知三角形三条边的边长，求三角形的面积。

提示：三角形面积 $= \sqrt{p(p-a)(p-b)(p-c)}$，其中，a、b、c 是三角形三边的边长，p 是三角形周长的一半。

相关代码如下：

```
import math
a = float(input("请输入三角形的边长 a: "))
b = float(input("请输入三角形的边长 b: "))
c = float(input("请输入三角形的边长 c:"))
p = (a + b + c)/2     # 三角形周长的一半
area = math.sqrt(p * (p - a) * (p - b) * (p - c))
```

```
print str.format("三角形三边分别为:a = {0}, b = {1}, c = {2}", a, b, c)
print str.format("三角形的面积 = {0}", area)
```

案例 5-1 运行结果如下：

```
请输入三角形的边长 a: 3
请输入三角形的边长 b: 4
请输入三角形的边长 c: 5
三角形三边分别为:a = 3.0, b = 4.0, c = 5.0
三角形的面积 = 6.0
```

5.3　选择结构

在顺序结构中，程序只能机械地从头运行到尾，要想使计算机变得更"智能"，就需要应用选择结构。所谓选择结构，就是按照给定条件有选择地执行程序中的语句。在 Python 语言中，程序选择结构有：单分支选择结构（if 语句）、双分支选择结构（if…else 语句）和多分支选择结构（if…elif 语句）。

5.3.1　单分支选择结构

单分支选择结构是最简单的一种选择形式，其语法如下所示：

```
if <表达式>:
    <语句块>
```

其中：

（1）表达式是任意的数值、字符、关系或逻辑表达式，或用其他数据类型表示的表达式。它表示条件，以 True(1)表示真，False(0)表示假。

（2）语句块称为 if 语句的内嵌语句或字句，内嵌语句严格地以缩进方式表达，编辑器也会提示程序员开始书写内嵌语句的位置，如果不再缩进，表示内嵌语句在上一行已经完成。

执行顺序：首先计算<表达式>的值，若<表达式>的值为 True，则执行内嵌语句，否则不做任何操作。if 语句的流程图如图 5-1 所示。

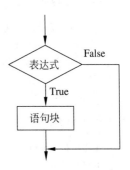

图 5-1　if 语句的流程图

当表达式值为 True 或其他等价值时，表示条件满足，语句块将被执行，否则该语句块将不被执行。

```
x = input('Input two numbers:')
a,b = map(int,x.split())
if a>b:
    a,b = b,a
print a,b
```

注意：表达式后面的冒号"："是不可缺少的，表示一个语句块的开始，后面几种其他形式的选择结构和循环结构中的冒号也是必须有的。

5.3.2 双分支选择结构

双分支选择结构的语法为：

```
if <表达式>:
    <语句块 1>
else:
    <语句块 2>
```

执行顺序：首先计算<表达式>的值，若<表达式>的值为
True 或其他等价值时，执行<语句块 1>，否则执行<语句块 2>。
if…else 语句的流程图如图 5-2 所示。

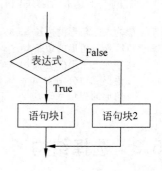

图 5-2　if…else 语句的流程图

```
>>> a = ['1','2','3','4','5']
>>> if a:
        print a
    else:
        print 'Empty'
['1', '2', '3', '4', '5']
```

例 5-4　输入一个年份 year，判断是否为闰年。

分析：闰年的条件是：①能被 4 整除但不能被 100 整除；②能被 400 整除。
用逻辑表达式表示为：

```
(year % 4 == 0 and year % 100!= 0) or (year % 400 == 0)
```

程序代码如下：

```
year = input("输入年份:")                    # 可用 int()函数
if (year % 4 == 0 and year % 100 != 0) or (year % 400 == 0):
    print year,":闰年"
else:
    print year,": 平年"
```

两次运行程序，程序运行结果如下：

```
输入年份:'2008'
2008 :闰年
输入年份:'2017'
2017 : 平年
```

Python 还支持如下形式的表达式：

```
value1 if condition else value2
```

当条件表达式 condition 的值与 True 等价时，表达式的值为 value1，否则表达式的值为
value2。另外，在 value1 和 value2 中还可以使用复杂表达式，包括函数调用和基本输出语
句。下面代码演示了上述表达式的用法。

```
>>> a = 10
>>> b = 1 if a > 5 else 0
```

```
>>> b
1
```

5.3.3　多分支选择结构

多分支选择结构为用户提供了更多的选择,可以实现复杂的业务逻辑,多分支选择结构的语法为:

```
if <表达式 1>:
    <语句块 1>
elif <表达式 2>:
    <语句块 2>
......
elif <表达式 n>:
    <语句块 n>
else:
    <语句块 n+1>
```

其中,关键字 elif 是 else if 的缩写。

执行顺序:首先计算<表达式 1>的值,若其值为 True 或其他等价值时,执行<语句块 1>;否则,继续计算<表达式 2>的值,若其值为 True 或其他等价值时,执行<语句块 2>;以此类推,如果所有表达式的值都为 False,则执行<语句块 n+1>。if…elif 语句的流程图如图 5-3 所示。

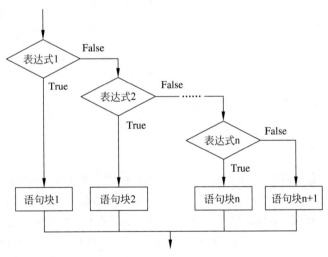

图 5-3　if…elif 语句的流程图

注意:

(1) 不管有几个分支,程序执行了一个分支以后,其余分支不再执行。

(2) 当多分支中有多个表达式同时满足条件时,则只执行第一条与之匹配的语句。

例 5-5　多分支选择 if…elif 语句实例。

```
score = int(input("please input your score:"))

if score >= 90:
```

```
    print "Grade A"
elif score >= 80:
    print "Grade B"
elif score >= 70:
    print "Grade C"
elif score >= 60:
    print "Grade D"
else:
    print "You fail in the test!"
```

运行本程序三次,运行结果如下:

```
please input your score:78
Grade C
please input your score:99
Grade A
please input your score:59
You fail in the test!
```

5.3.4　if 语句和 if…else 语句的嵌套形式

如果 if 语句和 if…else 语句的内嵌语句又是一个 if 语句或 if…else 语句,则称这种形式为 if 语句(或 if…else 语句)的嵌套形式。例如:

```
if <表达式 1>:
    if <表达式 2>:
        <语句块 1>
    else:
        <语句块 2>
[else:
    if <表达式 3>:
        <语句块 3>
    else:
        <语句块 4>]
```

如果上面的一般格式中没有方括号中的内容,就会出现 else 与哪个 if 匹配的问题,有可能导致语义错误,就是所谓的 else 悬挂问题。对于其他语言程序,如 C++,就要强制 else 与最近的 if 匹配。好在 Python 以严格的缩进方式表达匹配,不需要指定。

实际上,用 if 语句(或 if…else 语句)的嵌套形式完全可以替代 if…elif 语句。但从程序结构上讲,后者更清晰。

对于例 5-5,完全可用嵌套形式表达如下:

```
score = int(input("please input your score:"))
if score >=   60:

    if score >= 90:
        print "Grade A"
    elif score >= 80:
        print "Grade B"
```

```
    elif score >= 70:
        print "Grade C"
    elif score >= 60:
        print "Grade D"
else:
    print "You fail in the test!"
```

同样运行本程序三次，运行结果如下：

```
please input your score:78
Grade C
please input your score:99
Grade A
please input your score:59
You fail in the test!
```

由上可见，程序语言中的某些语句只是为了方便程序员写程序，不一定是必要的，但是程序中判断语句的层越多，程序的可读性就越差。如果在设计的时候出现了太多层，还是要想办法再重新构想一下比较简单的流程。

5.3.5　案例精选

案例 5-2　面试资格确认。

某公司招聘，要求至少满足以下条件中的两项：

(1) 不超过 25 岁；

(2) 计算机专业；

(3) 硕士研究生学历。

编写程序，判断 24 岁的计算机学士是否能获得面试机会。

参考代码如下：

```
age = 24
subject = "计算机"
degree = "学士"
if (age > 25 and degree == "硕士") or (degree == "硕士" and subject == "计算机") or (age <=
25 and subject == "计算机"):
    print '恭喜,您已获得我公司的面试机会!'
else:
    print '抱歉,您未达到面试要求'
```

案例 5-2 运行结果如下：

```
恭喜,您已获得我公司的面试机会!
```

案例 5-3　已知坐标点(x,y)，判断其所在的象限。

相关代码如下：

```
x = int(input("请输入 x坐标:"))
y = int(input("请输入 y坐标:"))
if(x == 0 and y == 0):print "位于原点"
elif(x == 0):print "位于 y轴"
```

```
elif(y == 0):print "位于 x 轴"
elif(x > 0 and y > 0):print "位于第一象限"
elif(x < 0 and y > 0):print "位于第二象限"
elif(x < 0 and y < 0):print "位于第三象限"
else:print "位于第四象限"
```

案例 5-3 运行结果如下：

```
请输入 x 坐标: - 2
请输入 y 坐标: 5
位于第二象限
```

案例 5-4　输入三个数，按照从大到小的顺序排序。

假设有三个数 a、b 和 c，先让 a 和 b 比较，使得 a>b；然后比较 a 和 c，使得 a>c，此时 a 最大；最后 b 和 c 比较，使得 b>c。

```
a = int(input("请输入整数 a:"))
b = int(input("请输入整数 b:"))
c = int(input("请输入整数 c:"))
if(a < b): t = a; a = b; b = t
if(a < c): t = a; a = c; c = t
if(b < c): t = b; b = c; c = t
print "排序结果(降序):", a, b, c
```

案例 5-4 运行结果如下：

```
请输入整数 a: 5
请输入整数 b: 4
请输入整数 c: 6
排序结果(降序): 6 5 4
```

案例 5-5　判断某一年是否为闰年（例 5-4 的多种解决方法）。

判断闰年的条件是：年份能被 4 整除但不能被 100 整除，或者能被 400 整除，其判断流程参见图 5-3。

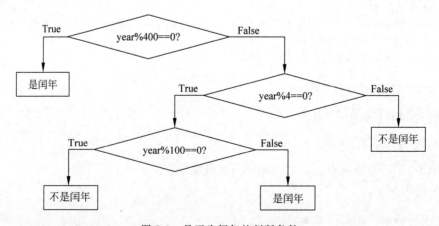

图 5-3　是否为闰年的判断条件

```
year = 2017
```

方法一：使用一个逻辑表达式包含所有的闰年条件。相关语句如下：

```
if(year % 4 == 0 and year % 100 != 0) or (year % 400 == 0):
    print "是闰年"
else:print("不是闰年")
```

方法二：使用嵌套的 if 语句。相关语句如下：

```
if(year % 400 == 0):print("是闰年")
else:
    if(year % 4 == 0):
        if(year % 100 == 0):print "不是闰年"
        else:print "是闰年"
    else:print "不是闰年"
```

方法三：使用 if…elif 语句。相关语句如下：

```
if(year % 400 == 0):print "是闰年"
elif(year % 4 != 0):print "不是闰年"
elif(year % 100 == 0):print "不是闰年"
else:print "是闰年"
```

方法四：使用 calendar 模块的 isleap 函数来判断闰年。相关语句如下：

```
import calendar
if(calendar.isleap(year)):print "是闰年"
else:print "不是闰年"
```

5.4　循环结构

　　所谓循环结构，就是按照给定规则重复地执行程序中的语句。实现程序循环结构的语句称为循环语句。Python 提供了两种基本的循环结构：while 循环和 for 循环。其中，while 循环一般用于循环次数难以提前确定的情况，当然也可以用于循环次数确定的情况；for 循环一般用于循环次数可以提前知道的情况，尤其适用于枚举或遍历序列或迭代对象中元素的场合，编程时一般建议优先考虑使用 for 循环。相同或不同的循环结构之间可以互相嵌套，也可以与选择结构嵌套使用，用来实现更为复杂的逻辑。

5.4.1　while 语句

　　while 语句用于实现当型循环结构，其特点是：先判断、后执行。
语法格式：

```
while <条件表达式>:
    <循环体>
```

其中：

（1）<条件表达式>称为循环条件，可以是任何合法的表达式，其值为 True 或 False，它用于控制循环是否继续进行。

（2）<循环体>是要被重复执行的代码行。

执行顺序：首先判断条件<表达式>的值，若为 True，则执行<循环体>，继而再判断<条件表达式>，直至条件<表达式>值为 False 时退出循环，如图 5-4 所示。

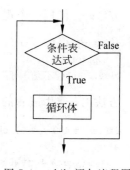

图 5-4　while 语句流程图

例 5-6　while 语句示例：求自然数 1～100 之和。

分析：这是一个累加求和的问题，循环结构的算法是，定义两个 int 变量，i 表示加数，其初值为 1；sum 表示和，其初值为 0。首先将 sum 和 i 相加，然后 i 增 1，再与 sum 相加并存入 sum，直到 i 大于 100 为止。

程序代码如下：

```
i = 1
sum = 0
while i <= 100:
    sum += i
    i += 1


print "sum = ", sum
```

程序运行结果如下：

```
sum = 5050
```

当应用 while 语句时，要注意以下几点：

（1）在循环体中应该有改变循环条件表达式值的语句，否则将会造成无限循环。例如在例 5-6 中，如果没有语句 i+=1，那么 i 的值始终不发生变化，循环也就永远不会终止。

（2）该循环结构是先判断后执行循环体，因此，若<条件表达式>的值一开始就是 False，则循环体一次也不执行，直接退出循环。

（3）在设置循环条件时，要留心边界值，以免多执行一次或少执行一次。

例 5-7　while 语句示例：求出满足不等式 1+2+3+…+n≤100 的最大 n 值。

此不等式的左边是一个和式，该和式中的数据项个数是未知的，也正是要求出的。对于和式中的每个数据项，对应的通式为 i(i = 1,2,3,…,n)，所以可以采用循环累加的方法计算出和式的和。设循环变量为 i，它应从 1 开始取值，每次增加 1，直到和式的值不大于 100 为止，此时的 i 值就是所求的 n。设累加变量为 s，在循环体内应把 i 的值累加到 s。

程序代码如下：

```
i = 0
s = 0
while s < 100:
    i += 1
    s += i


print "n = ", i
```

程序运行结果如下：

```
n = 14
```

5.4.2　for 语句

for 语句的语法格式为：

```
for <变量> in <可迭代容器>:
    <语句块>
```

其中，<变量>可以扩展为变量表，变量与变量之间用"，"分开，<可迭代容器>可以是序列、迭代器或其他支持迭代的对象。

执行顺序：<变量>取遍<可迭代容器>中的每一个值。每取一个值，如果这个值在<可迭代容器>中，执行<语句块>，返回，再取下一个值，再判断，再执行，…，直到遍历完成或发生异常退出循环。

for 语句是 Python 语言提供的最强大的循环结构。for 语句主要用于访问序列和迭代器(iterator)。迭代器是一个可以标识序列中元素的对象。序列与迭代器的区别为：for 语句的语法格式中的<可迭代容器>可以直接是一个字符串、列表、元组等，还可以用一些函数产生序列或迭代器。如果函数产生的是序列，如 range()、sorted()函数，那么，for 语句访问的是序列。如果函数产生的是迭代器，如 enumerate()、reversed()、zip()函数，for 语句访问的是迭代器，例如：

```
>>> s = [0, 1, 2, 3, 100, 'ABC']
>>> s
[0, 1, 2, 3, 100, 'ABC']
>>> enumerate(s)
< enumerate at 0xa31d048 >
>>> type(enumerate(s))
enumerate
>>> zip(s)
[(0,), (1,), (2,), (3,), (100,), ('ABC',)]
>>> type(zip(s))
list
>>> reversed(s)
< listreverseiterator at 0xa1f5fd0 >
>>> type(reversed(s))
listreverseiterator
>>> s = ["XYZ", "Hello", "ABC", "Python"]
>>> sorted(s)
['ABC', 'Hello', 'Python', 'XYZ']
>>> range(10)
[0, 1, 2, 3, 4, 5, 6, 7, 8, 9]
>>> x = sorted(s)
>>> x
['ABC', 'Hello', 'Python', 'XYZ']
>>> x[3]
'XYZ'
```

```
>>> y = range(10)
>>> y[8]
8
```

例 5-8　for 语句应用示例。

```
>>> s = ["XYZ", "Hello", "ABC", "Python"]        # 使用序列迭代
>>> for i in s:
        print i
XYZ
Hello
ABC
Python
>>> s = ["XYZ", "Hello", "ABC", "Python"]        # 使用序列索引迭代
>>> for i in range(len(s)):
        print i, s[i]
0 XYZ
1 Hello
2 ABC
3 Python
>>> x = range(5)
>>> for i in x:                                  # 使用数字对象迭代
        print i,x[i]
0 0
1 1
2 2
3 3
4 4
>>> s = ["XYZ", "Hello", "ABC", "Python"]
>>> s1 = [200, 300, 1000, 500, 800]
>>> for x, y in zip(s, s1):                      # 使用迭代器迭代
        print "%8s%8s" % (x,y)
    XYZ       200
    Hello     300
    ABC       1000
    Python    500
```

5.4.3　多重循环

多重循环又称为循环嵌套，是指在某个循环语句的循环体内还可以包含有循环语句。在实际应用中，两种循环语句不仅可以自身嵌套，还可以相互嵌套，嵌套的层数没有限制，呈现出多种复杂形式。在嵌套时，要注意在一个循环体内包含另一个完整的循环体。例如：

```
while <表达式 1>:
    ...
    while <表达式 2>:
        <循环体>
    ...
    for <变量> in <可迭代容器>:
        <循环体>
    ...
```

例 5-9 编程输出"9×9乘法表"。

```
>>> for i in range(1, 10):
>>>     for j in range(1, i + 1):
>>>         print i, ' * ', j, ' = ', i * j
1 * 1 = 1
2 * 1 = 2
2 * 2 = 4
… …
9 * 1 = 9
9 * 2 = 18
9 * 3 = 27
9 * 4 = 36
9 * 5 = 45
9 * 6 = 54
9 * 7 = 63
9 * 8 = 72
9 * 9 = 81
```

5.4.4 break、continue、pass、else 语句

1. break 语句

break 语句用在循环语句(迭代)中,结束当前的循环(迭代)跳转到循环语句的下一条。break 语句常常与 if 语句联合,满足某条件时退出循环(迭代)。

例 5-10 break 语句示例。

```
♯输入一个数,判断是否为质数。
from math import *
x = input("输入一个数:")
i = 2
while i <= int(sqrt(x)):
    if x % i == 0:
        break
    i = i + 1

if i > int(sqrt(x)):
    print x, ":质数"
else:
    print x, ":非质数"
```

运行程序两次,运行结果如下:

```
输入一个数:'4'
4 :非质数
输入一个数:'5'
5 :质数
```

2. continue 语句

continue 语句用在循环语句(迭代)中,忽略循环体内 continue 语句后面的语句,回到下

一次循环（迭代）。

图 5-5 是以 while 循环结构为例，说明执行含有 break 语句或 continue 语句的循环时流程变化的示意图。

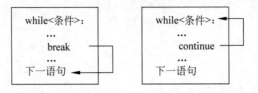

图 5-5　break 和 continue 语句的区别

例 5-11　continue 语句应用示例。

```
s = 0
for i in range(1,11):
    if i%2 == 0:
        continue
    if i%10 == 7:
        break
    s = s + i
print "s = ", s
```

程序运行结果如下：

```
s = 9
```

3. pass 语句

pass 语句可以用在任何地方，不做任何事情，只起到占位的作用，例如：

```
>>> pass
>>> if True:
    pass
>>> while 1:
    pass
```

4. else 语句

在 Python 语句中，else 语句还可以在 while 语句或 for 语句中使用。else 语句（块）写在 while 语句或 for 语句尾部，当循环语句或迭代语句正常退出（达到循环重点，或迭代完所有元素）时，执行 else 语句下面的语句块。这意味着 break 语句也会跳出 else 语句。

例 5-12　输入一个数，判断是否为质数。

```
from math import *
x = input("输入一个数:")
i = 2
while i <= int(sqrt(x)):
    if x % i == 0:
        print x," :非质数"
        break
```

```
    i = i + 1
else:
    print  x," :质数"
```

运行程序两次,运行结果如下:

```
输入一个数:'4'
4 :非质数
输入一个数:'5'
5 :质数
```

break 语句和 continue 语句在 while 循环和 for 循环中都可以使用,并且一般常与选择结构结合使用,以达到在特定条件得到满足时跳出循环的目的。一旦 break 语句被执行,将使得整个循环提前结束。continue 语句的作用是终止本次循环,并忽略 continue 之后的所有语句,直接回到循环的顶端,提前进入下一次循环。需要注意的是,过多的 break 和 continue 语句会严重降低程序的可读性。除非 break 和 continue 语句可以让代码更简单或更清晰,否则不要轻易使用。

5.4.5 案例精选

案例 5-6 求 1~100 能被 5 整除,但不能同时被 6 整除的所有整数。

```
t = []
for i in range(1, 101):
    if i % 5 == 0 and i % 6 != 0:
        t.append(i)
print t
```

案例 5-6 运行结果如下:

```
[5, 10, 15, 20, 25, 35, 40, 45, 50, 55, 65, 70, 75, 80, 85, 95, 100]
```

习题 5

一、单选题

1. 执行下列 Python 语句将产生的结果是( )。

```
x = 2; y = 2.0
if(x == y): print "Equal"
else: print "Not Equal"
```

    A. Equal   B. Not Equal   C. 编译错误   D. 运行时错误

2. 执行下列 Python 语句将产生的结果是( )。

```
i = 1
if(i):print True
else:print False
```

    A. True   B. False   C. 1   D. 运行时错误

3. 下面 if 语句统计满足"性别(gender)为男、职称(duty)为副教授、年龄(age)不大于 40 岁"条件的人数,正确的语句为( )。

    A. if (gender=="男" or age<=40 and duty=="副教授"): n+=1

    B. if (gender=="男" and age<=40 and duty=="副教授"): n+=1

    C. if (gender=="男" and age<=40 or duty=="副教授"): n+=1

    D. if (gender=="男" or age<=40 or duty=="副教授"): n+=1

4. Python 语句 x=True; y=False; z=False; print(x or y and z)的运行结果是( )。

    A. True   B. False

    C. 1   D. 运行时错误

5. 循环语句 for i in range(-3,21,4)的循环次数为( )。

    A. 5   B. 6   C. 7   D. 8

6. 若 k 为整型,下述 while 循环执行的次数为( )。

```
k = 1000
while k > 1:
    print k
    k = k/2
```

    A. 9   B. 10   C. 11   D. 1000

7. 下列语句不符合语法要求的表达式为( )。

```
for var in _____:
    print var
```

    A. range(0,10)   B. "Hello"

    C. (1,2,3)   D. {1,2,3,4,5}

二、多项选择题

1. 以下 for 语句结构中,( )能完成 1~10 的累加功能。

    A. sum=0; for i in range(10,0): sum+=i

    B. sum=0; for i in range(1,11): sum+=i

    C. sum=0; for i in range(10,0,-1): sum+=i

    D. sum=0; for i in (10,9,8,7,6,5,4,3,2,1): sum+=i

    E. sum=0; for i in (1,2,3,4,5,6,7,8,9,10): sum+=i

2. Python 提供了两种基本的循环结构为( )。

    A. for 循环   B. while 循环   C. if 循环   D. if…elif 循环

    E. continue 循环

三、判断题

1. Python 语句 x=True; y=False; z=False; print x or y and z 的运行结果是 True。

                                                             ( )

2. 假设有表达式"表达式 1 or 表达式 2",如果表达式 1 的值等价于 True,那么无论表达式 2 的值是什么,整个表达式的值总是等价于 True。( )

3. 已知 a＝3；b＝5；c＝6；d＝True,则表达式 not d or a＞＝0 and a＋c＞b＋3 的值是 False。 （　　）

四、上机实践

1. 编写程序,计算 10＋9＋8＋…＋1。

2. 编写程序,计算 2＋4＋6＋…＋100。

3. 编写程序,输出 2000—3000 年之间的所有闰年。请思考有哪几种实现方法。

第6章

函数设计与使用

　　函数由函数名、参数、函数体和返回值组成。可以把函数比喻成类似于豆浆机之类的小电器，不同的小电器有不同的功能和用法，但是它们又有统一的结构，如都需要输入原料、都需要对原料按照一定的程序进行加工和都需要生成一个产品等，函数亦是如此。具体来说，函数名是小电器的名字，参数就是所需原料的类别，函数体是机器的内部结构，返回值是生成的产品。

6.1　自定义函数

6.1.1　定义函数

　　在 Python 中，用关键字 def 表示要定义一个函数，基本语法如下：

```
def 函数名(参数 1,参数 2...):
    函数体
    return 返回值
```

　　与变量名一样，函数名可以由字母、数字和下画线组成，但不能以数字开头。按照 Python 的命名规则，通常情况下函数名要小写，当需要多个单词时，可采用下画线或单词首字母大写的方式，但首字母要小写。参数用一对"()"括住，可以没有也可以有多个，多个参数之间用","分隔，定义函数时的参数叫做形式参数，简称"形参"。表示参数的"()"后要加"："，"："下面是函数体，函数体可以调用其他函数，甚至调用函数自身（递归函数）。关键字 return 表示结束函数并返回一个返回值，函数可以没有返回值。

　　例 6-1　定义一个函数操作示例。

```
def division (num1, num2):
    if(num2 == 0):
        r = 0
    else:
        r = float(num1)/num2
    return r
```

　　在上述代码中，函数名是 division，参数是 num1 和 num2，函数体是"："下面的代码，返回值是 r。

6.1.2 调用函数

调用函数(即使用函数)时,通常不需要去考虑函数内部是如何工作的,只需要知道函数需要什么数据(参数)和返回什么数据(返回值)就可以。在 Python 中,调用函数的语法是:

函数名(参数 1,参数 2,...)

这时的参数叫做实参,如果函数有返回值的话,可以用一个变量接收它。此时,调用函数的语法是:

变量 = 函数名(参数 1,参数 2,...)

例 6-2 函数调用示例。

```
#定义函数
def division (num1, num2):
    if(num2 == 0):
        r = 0
    else:
        r = float(num1)/num2
    num1 = 4
    return r

#调用函数
a = 3
b = 4
res = division(a,b)
print u'4 除以 3 的结果是: % f' % res
```

例 6-2 运行结果如下:

4 除以 3 的结果是: 0.750000

调用函数时,形参和实参的数据类型要匹配。上例中如果使用如下语句调用函数 division,就会产生 TypeError 异常。

```
a = "3"
b = "4"
res = division(a,b)
```

6.1.3 默认参数

默认参数(参数的默认值)是预先设定好的参数值,如果调用函数时,给参数赋了值就用所赋的值替换默认值,如果没有给参数赋值就用默认值。定义带有默认值的函数,基本语法如下:

```
def 函数名(参数 1 = 默认值 1, 参数 2 = 默认值 2, ...):
    函数体
    return 返回值
```

一个参数可以有默认值，也可以没有默认值，但在参数列表中，没有默认值的参数必须在前面。因此，如下的函数声明是不被允许的。

```
函数名(参数 1 = 默认值1, 参数 2 , 参数 3 = 默认值3):
```

例 6-3 定义和使用带有默认值的函数示例。

```
def circumference(r, pi = 3.1415):
    return 2 * r * pi
r = input(u'请输入半径:')
res = circumference(r)
print u'这个圆的周长是: % f' % res
```

在上述代码中，参数 pi 具有默认值，所以在调用 circumference() 函数时可以不必给它赋值。这样，即使没有记住 π 的值，也可以使用该函数计算圆的周长。当然，如果想要计算精度更高，也可以如下方式调用 circumference() 函数，从而给 pi 赋新的值。

```
res = circumference(r, 3.1415926)
```

6.1.4 位置参数和关键字参数

函数在定义时，默认都是位置参数。所谓位置参数，是指函数在被调用时，必须严格按照参数列表的顺序传递参数。这样，当一个函数参数较多时，可能不太容易记忆参数的位置。为此，Python 提供了一种指定参数名的方式来调用函数，这就是关键字参数。可见，关键字参数并不是定义函数时的某种参数，而是调用函数的一种方法。

例 6-4 使用关键字参数调用函数示例。

```
def printScore(name, score):
    print u'% s 同学,本次测试你得了 % s 分' % (name, score)
printScore(u'小明', u'100')
printScore(u'100', u'小明')
printScore(score = u'100', name = u'小明')
```

例 6-4 运行结果如下：

```
小明同学,本次测试你得了 100 分
100 同学,本次测试你得了小明分
小明同学,本次测试你得了 100 分
```

对比上述代码的运行结果可以发现：正常情况下，如果不按照参数的顺序输入参数，就会产生"100 同学,本次测试你得了小明分"这样不可预料的结果(大多数情况下会更加严重)，但当使用了关键字参数以后，就可以不受参数顺序的限制了。

6.1.5 值传递和引用传递

函数的调用过程，首先是实参到形参的传递(参数赋值)。这种传递，可分为值传递和引用传递两种形式。值传递是实参把它的值赋予形参，函数在执行时形参值的改变不影响实参的值，如例 6-5 所示，实参 a 把值 20 传递给了形参 num，函数执行完以后，num 的值变为了50,而 a 还是 20。引用传递是实参把它的地址赋予形参,此时形参和实参指向同一块内存空间,可认为形参是实参的别名,这样,函数在执行时形参值的改变也会影响实参的值,如例 6-6 所示,实参 a 把包含两个元素的集合传递给了形参 fruits,函数执行完以后,fruits 和 a 变成了同样的集合。

例 6-5 值传递示例。

```
def value(num):
    num = num + 30
    return num
a = 20
print 'value(a) = %d' % value(a)
print 'a = %d' % a
```

例 6-5 运行结果如下:

```
value(a) = 50
a = 20
```

例 6-6 引用传递示例。

```
def cite(fruits = {}):
    fruits.add('apple')
    return fruits
a = {'orange','banana'}
print cite(a)
print a
```

例 6-6 运行结果如下:

```
set(['orange', 'banana', 'apple'])
set(['orange', 'banana', 'apple'])
```

在诸如 C 或 C++语言中,定义函数时可以明确地规定参数传递的方式。虽然 Python 并没有这样的规定,但是通过一些实验可总结出,Python 对不同数据类型的参数指定了默认的传递方式:对于数字、字符串和元组等不可变类型采用值传递,对于字典和集合等可变类型采用引用传递。

6.1.6 返回值

函数返回使用 return 语句,return 后面可以是变量、表达式或者什么也没有。Python 也允许不使用 return 语句,它和 return 后面什么都不加效果是一样的,此时函数没有返回值,或者返回值为 None。None 既不是变量也不是字符串,它和 True、False 等一样,是一个内建常量,表示什么都没有。如果函数需要多个返回值,可以让 return 返回一个元组。

6.1.7 lambda 表达式

匿名函数,从字面上理解就是没有函数名的函数。它经常作为其他函数的参数、容器对象和其他可调用的对象等。在 Python 中,使用关键字 lambda 定义匿名函数,具体语法如下所示：

```
lambda 参数 1,参数,2,...: 表达式
```

　　这里参数就是函数的参数，表达式对应的是函数体，但是表达式需要写在"："的后面，通常表达式不会太复杂。如下是一个简单的 lambda 表达式：

```
lambda x,y:x + y
```

　　如果只是这样简单地定义一个 lambda 表达式，没有任何变量保存它，那么自然也就没有办法调用它了。而且由于此时函数的引用计数为 0，根据 Python 的内存回收机制，这个 lambda 表达式会被回收掉。为了可以使用它，最简单的办法就是将它赋值给一个变量，如下所示：

```
a = lambda x,y:x + y
```

　　这样 a 就是函数的名称了，通过下面的方式就可以调用这个 lambda 表达式了。

```
a(3,4)
```

　　这种定义函数的方法与下面的定义方法效果是一样的。

```
def a(x,y):
    return x + y
a(3,4)
```

　　这两种方式相比较，上一种会显得更加简洁一点。当然，这并不是使用 lambda 表达式的一个很好的例子。通常 lambda 表达式作为参数传递给函数时的效果会更好。

　　例 6-7　使用 lambda 表达式传递参数示例。

```
def operation(f,x,y):
    return f(x,y)
print operation(lambda x,y:x + y,5,6)
print operation(lambda x,y:x - y,5,6)
print operation(lambda x,y:x/y,5,6)
```

　　在上例中，定义了一个对两个数进行各种操作的函数，具体什么操作取决于传递什么样的运算。此时，使用 lambda 表达式就要比例 6-8 简洁得多了。

　　例 6-8　以函数名为参数

```
def add(x,y):
    return x + y
def sub(x,y):
    return x - y
def div(x,y):
    return x/y
def operation(f,x,y):
    return f(x,y)
print operation(add,5,6)
print operation(sub,5,6)
print operation(div,5,6)
```

6.1.8　案例精选

案例 6-1　设计一个简单的计算器。

该计算器可以完成两个数的四则运算。用户调用该计算器函数 calculator()时，需要输入三个参数：数字1、数字2和操作符。计算器会根据操作符返回不同的结果，如果操作符不是四则运算符会返回空，并提示"计算器不支持此操作"。加、减、乘运算使用 lambda 表达式完成，除法运算定义了函数 div()，该函数可处理除数为 0 的情况。其代码如下所示：

```
#案例6-1 四则运算计算器

#除法函数
def div(x,y):
    if y == 0:
        print u'除数不能为 0。'
        return
    else:
        return x/y

#运算函数
def operation(f, num1, num2):
    return f(num1,num2)

#计算器函数
def calculator(num1, num2 ,operator):
    if operator == '+':
        return operation(lambda x,y:x + y,num1,num2)
    if operator == '-':
        return operation(lambda x,y:x - y,num1,num2)
    if operator == '*':
        return operation(lambda x,y:x * y,num1,num2)
    if operator == '/':
        return operation(div,num1,num2)
    print u'计算器不支持此操作。'
    return
```

6.2　内建函数

6.2.1　内建函数

内建(Built-in)函数是由语言预先定义好且不需要导入模块就可以直接使用的函数。Python 2.7 提供的内置函数如下：

abs()、all()、any()、basestring()、bin()、bool()、bytearray()、callable()、chr()、classmethod()、cmp()、compile()、complex()、delattr()、dict()、dir()、divmod()、enumerate()、eval()、execfile()、file()、filter()、float()、format()、frozenset()、getattr()、globals()、hasattr()、 hash()、help()、hex()、id()、input()、int()、isinstance()、issubclass()、iter()、len()、list()、locals()、long()、map()、max()、memoryview()、min()、next()、object()、oct()、open()、ord()、pow()、print()、property()、range()、raw_input()、reduce()、reload()、repr()、reversed()、round()、set()、setattr()、slice()、sorted()、staticmethod()、str()、sum()、super()、tuple()、type()、unichr()、unicode()、vars()、xrange()、zip()、__import__()。

以上这些函数，都是 Python 解释器必须用到的。此外，还有 4 个内置函数被认为不再是必需的了，它们是 apply()、buffer()、coerce()和 intern()。

6.2.2　案例精选

案例 6-2　设计一个功能更加完善的计算器。

案例 6-2 使用一些常用的内建函数完善案例 6-1 的计算器。使得用户可以通过屏幕来输入要进行的计算。其代码如下所示：

```python
# - * - coding: utf - 8 - * -
#案例 6-2 四则运算计算器

#除法函数
def div(x,y):
    if y == 0:
        print u'除数不能为 0.'
        return
    else:
        return x/y

#运算函数
def operation(f, num1, num2):
    return f(num1,num2)

#计算器函数
def calculator(num1, num2 ,operator):
    if operator == '+':
        return operation(lambda x,y:x + y,num1,num2)
    if operator == '-':
        return operation(lambda x,y:x - y,num1,num2)
    if operator == '*':
        return operation(lambda x,y:x * y,num1,num2)
    if operator == '/':
        return operation(div,num1,num2)
    print u'计算器不支持此操作.'
    return

#计算器主函数
def calculator_main():
    num1 = float(raw_input(u"请输入第一个数 :"))
    num2 = float(raw_input(u"请输入第二个数 :"))
    operator = raw_input(u"请输入操作符 :")
    print operator
```

```
    print calculator(num1, num2, operator)

if ( __name__ == "__main__"):
    calculator_main()
```

6.3 模块

在编写大型程序时,如果把所有代码都写在一个文件里,会使得文件很大。很自然地,解决这个问题的办法就是把功能上相近的代码放在一个文件里,这样程序就由一个个的文件组成。但是仅仅这样是不够的,因为所有文件都放在一起,以一种平面结构来存储的话,程序的逻辑结构会很混乱。为此,Python 引入了包(package)和模块(module)的概念,使得代码可以一种目录结构来存储。可以说,包、模块、变量、函数和类等组成了一个 Python 程序。它们之间的逻辑关系如图 6-1 所示。与文件系统相对应,包就是文件夹,模块就是文件,函数等就是文件里面的代码。

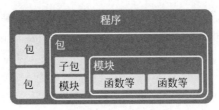

图 6-1 程序结构图

包:是完成某类任务的工具集合,所以常称为工具包,如自然语言处理工具包 NLTK 和图形界面工具包 Tkinter 等。这些工具包,尤其是第三方工具包,需要下载并安装到 Python 下才可以使用,包可以包含子包和若干个模块。

模块:模块的逻辑结构比包小,是完成某一个任务的集合,如自然语言处理工具包 NLTK 中的 classify 模块和内建模块 collections 等。模块里面包含了若干个变量、函数和类。

6.3.1 创建模块

模块是组织 Python 代码的一种方式,它与 Python 文件相对应。在 Python 代码中,一个 .py 文件对应一个模块,文件的名称就是模块的名称(不包括扩展名".py")。一个模块里,可以包含多个变量、函数和类等。因此,新建一个 .py 文件就是建立了一个模块。虽然 Python 没有强制规定 .py 文件的命名规则,但是命名文件要遵循标识符的基本命名规则(使用字母、数字或下画线,并且不能以数字开头),否则在其他模块中将不能引入这个模块。推荐命名模块时字母小写。

6.3.2 import 语句

一个模块并不是完全封闭的,它可以使用其他模块中的函数、类等,但在使用之前一定要导入相应的模块。导入模块使用 import 语句,其基本语法如下:

```
import module 1
import module 2
```

一个模块在创建的时候,可以导入多个模块。导入多个模块的语句也可以如下所示:

```
import module 1,module 2,module 3
```

导入模块的 import 语句,必须放在使用这些模块的代码之前。虽然 Python 没有强制要求,导入语句必须在所有其他语句之前,但是最好把它放在模块的开始位置,而且模块的导入顺序推荐为:Python 内建模块、第三方模块、自定义模块。导入完成以后,可以使用模块中的函数和类等,但是在使用时要加模块名和“.”,如下所示:

```
模块名.函数名()
```

如果想直接使用函数名来调用模块中的函数,可以使用 from…import 语句,其基本语法如下:

```
from 模块名 import 函数名
```

这样书写的语句,只是导入了模块中的一个函数。如果想要使用其他函数,需要再书写一个相应的 from…import 语句。因此 from…import 语句常和 import 语句结合使用。

例 6-9 导入模块示例。

```
import os
from os import remove

os.stat('f:/1.txt')
remove('f:/1.txt')
```

在上述代码中,如果少了语句“from os import remove”,就会产生“NameError: name 'remove' is not defined”的异常,因为此时应该书写“os.remove('f:/1.txt')”;如果少了语句“import os”,就会产生“NameError: name 'os' is not defined”的异常。

在导入模块时,如果模块中的一些名称已经在我们的程序中被使用,又或是模块的名称过长输入不方便。此时,可以使用 as 语句,为模块或模块中的函数等起一个别名,其基本语句如下:

```
import 模块名 as 别名
from 模块名 import 函数名 as 别名
```

例 6-10 使用 as 语句导入模块示例。

```
from collections import OrderedDict as od
phonebook = od([('Kate', '13600000001'), ('Olivia', '13600000002'), ('George', '13600000003')])
print phonebook
```

6.3.3 导入自定义模块

内置模块和内置函数类似,是由 Python 解释器预先创建好,可以直接使用的模块,当然使用之前也需要使用 import 语句导入模块,只是通常不需要在意它保存到了哪。而自定义模块在导入的时候，必须保存在一个 Python 解释器可以找到的位置，否则使用 import 语句将不能成功导入自定义模块。

那么，哪些位置才是 Python 解释器可以找到的位置呢？这些位置通常是：当前目录、python 安装目录、PYTHONPATH 环境变量所指向的目录等。准确的路径可以通过 sys 模块的 path 属性获得。path 属性是一个列表，它里面包含了 Python 解释器搜索包和模块的所有路径。也就是说，自定义模块要放在 path 属性所指向的目录中才可以被成功导入。

例 6-11　获得 Python 解释器搜索路径示例。

```
import sys
sys.path.append('f:/11')
for p in sys.path:
    print p
```

例 6-11 运行结果如下：

```
F:/Python 入门实践教程
C:\Python27\Lib\idlelib
C:\WINDOWS\SYSTEM32\python27.zip
C:\Python27\DLLs
C:\Python27\lib
C:\Python27\lib\plat-win
C:\Python27\lib\lib-tk
C:\Python27
C:\Python27\lib\site-packages
f:/11
```

由于 path 属性是一个列表，所以如果想加一条搜索路径，只需要使用 append() 函数添加新的列表值就可以。不过，并不推荐随意添加搜索路径。

6.3.4　自定义包

包是一个特殊的文件夹，它与普通文件夹的区别在于：它里面必须包含一个 __init__.py 文件（前后都是双下画线）。同自定义模块类似，想要成功导入一个包，命名文件夹要遵循标识符的基本命名规则（使用字母、数字或下画线，并且不能以数字开头）。

__init__.py 文件可以是空文件，也可以包含一些代码，它在包被导入时执行。

导入包或包中的模块，也使用 import 语句，基本语句如下：

```
import 包
from 包 import 模块
import 包.模块
```

例 6-12　导入包和包中的模块示例。

例 6-12 中，要导入的 pack 包对应 pack 文件夹，该文件夹中有三个文件，分别是 __init__.py、module1.py 和 module2.py。

__init__.py 中的代码是：

```
print '初始化 a'
```

module1.py 中的代码是：

```
def show():
print '初始化模块 1'
```

module2.py 中的代码是：

```
def show():
print '初始化模块 2'
```

例 6-12 代码如下：

```
import pack
from pack import module1
import pack.module2

module1.show()
pack.module2.show()
```

例 6-12 运行结果如下：

```
初始化 a
初始化模块 1
初始化模块 2
```

要注意的是，通过"包.模块"的形式导入的模块，在使用时也要带有"包."，如语句"pack.module2.show()"。

6.3.5　案例精选

案例 6-3　设计一个功能完善的计算器。

案例 6-3 在案例 6-2 的基础上进一步完善计算器。通过导入 math 模块，为计算器增加了求 x 的 y 次方，和 x 除以 y 取余数的操作。其代码如下所示：

```
# -*- coding: utf-8 -*-
#案例 6-3 四则运算计算器
import math

#除法函数
def div(x,y):
    if y == 0:
        print u'除数不能为 0。'
        return
    else:
        return x/y

#运算函数
def operation(f, num1, num2):
    return f(num1,num2)
```

```
#计算器函数
def calculator(num1, num2 ,operator):
    if operator == '+':
        return operation(lambda x,y:x + y,num1,num2)
    if operator == '-':
        return operation(lambda x,y:x - y,num1,num2)
    if operator == '*':
        return operation(lambda x,y:x * y,num1,num2)
    if operator == '/':
        return operation(div,num1,num2)
    if operator == '^':
        return operation(math.pow,num1,num2)
    if operator == '%':
        return operation(math.fmod,num1,num2)
    print u'计算器不支持此操作。'
    return

#计算器主函数
def calculator_main():
    num1 = float(raw_input(u"请输入第一个数 :"))
    num2 = float(raw_input(u"请输入第二个数 :"))
    operator = raw_input(u"请输入操作符 :")
    print operator
    print calculator(num1, num2, operator)

if ( __name__ == "__main__"):
    calculator_main()
```

习题 6

一、单项选择题

1. 在 Python 中,用关键字( )表示要定义一个函数。

    A. fun   B. class   C. def   D. return

2. 下列标识符,不能作为函数名的是( )。

    A. add   B. 12add   C. add12   D. add_12

3. 函数的参数使用( )符号括住。

    A. ( )   B. {}   C. ""   D. []

4. 下列关于参数个数的描述,正确的是( )。

    A. 函数必须拥有参数   B. 函数可以没有参数

    C. 函数只能拥有一个参数   D. 函数最多可以拥有 5 个参数

5. 关键字( )表示结束函数并返回一个返回值。

    A. back   B. return   C. break   D. continue

6. 下列关于返回值个数的描述,正确的是( )。

    A. 函数必须拥有返回值

B. 函数可以没有返回值

C. 函数可以拥有多个返回值

D. 函数有多少个参数，就需要多少个返回值

7. 下列关于默认参数的描述，正确的是(　　)。

　　A. 在参数列表中，没有默认值的参数可以在任意位置

　　B. 在参数列表中，具有默认值的参数必须在前面

　　C. 在参数列表中，没有默认值的参数必须在前面

　　D. 在参数列表中，具有默认值的参数可以在任意位置

8. 想要不按照形参的顺序传递实参，可以采用(　　)的方法。

　　A. 位置参数　　　　　　　　　　　　B. 关键字参数

　　C. 值传递　　　　　　　　　　　　　D. 引用传递

9. 定义一个匿名函数，需要使用关键字(　　)。

　　A. class　　　　　　B. def　　　　　　C. fun　　　　　　D. lambda

10. 下列关于内建函数的描述，错误的是(　　)。

　　A. 内建函数是由语言预先定义好的

　　B. 内建函数不需要导入模块就可以直接使用

　　C. 内建函数也需要导入相应模块，才可以使用

　　D. 自定义函数不能与内建函数同名

11. 下列函数不属于内建函数的是(　　)。

　　A. input()　　　　　B. open()　　　　　C. print()　　　　　D. div()

12. 执行下列代码，得到的结果是(　　)。

```
def operation(f,x,y):
    return f(x,y)
print operation(lambda x,y:x + y,5,6)
```

　　A. 1　　　　　　　B. 11　　　　　　C. −1　　　　　　D. 30

13. 下列描述，错误的是(　　)。

　　A. 一个程序由若干个包组成

　　B. 一个包由若干个模块组成

　　C. 一个模块由若干个包组成

　　D. 一个模块由若干个变量、函数和类组成

14. 导入一个模块，需要使用关键字(　　)。

　　A. import　　　　　B. from　　　　　C. as　　　　　　D. in

15. 给导入的模块或模块中的函数起一个别名，需要使用关键字(　　)。

　　A. import　　　　　B. from　　　　　C. as　　　　　　D. in

二、多项选择题

1. 函数由(　　)组成。

　　A. 函数名　　　　　B. 参数　　　　　C. 函数体　　　　　D. 返回值

2. 下列关于参数的描述，正确的是(　　)。

　　A. 函数必须拥有参数

    B. 函数可以没有参数

    C. 多个参数之间用","分隔

    D. 函数如果没有参数，就不需要使用"()"了

3. 下列关于返回值的描述，正确的是(　　　　)。

    A. 函数必须使用关键字 return 作为函数体的结束

    B. 函数可以没有返回值

    C. 函数最多只能有一个返回值

    D. 想要返回多个数值，可以使用元组

4. 下列关于函数调用的描述，正确的是(　　　　)。

    A. 函数在调用时，实参和形参的个数必须相等

    B. 函数在调用时，具有默认值的参数可以不为其传递实参

    C. 使用关键字参数方法调用函数，可以不按照形参的顺序传递实参

    D. 使用位置参数方法调用函数，可以不按照形参的顺序传递实参

5. 下列关于关键字 None 的描述，正确的是(　　　　)。

    A. None 既不是变量也不是字符串

    B. None 是一个内建常量

    C. 函数没有返回值时，返回一个 None

    D. None 表示什么都没有

6. 下列关于模块的描述，正确的是(　　　　)。

    A. 模块中可以包含若干个变量、函数和类

    B. 一个.py 文件对应一个模块

    C. 文件的名称就是模块的名称(不包括扩展名".py")

    D. 不符合命名规则的模块，没有办法在其他模块中导入

7. 下列语法正确的是(　　　　)。

    A. import 包　　　　　　　　　　B. from 包 import 模块

    C. import 包.模块　　　　　　　　D. from 包

8. 下列语法正确的是(　　　　)。

    A. from 模块名 import 类名　　　　B. from 模块名 import 函数名

    C. import 模块名.类名　　　　　　D. import 模块名.函数名

9. 下列关于包的描述，正确的是(　　　　)。

    A. 任何文件夹都可以作为一个包

    B. 包是一个特殊的文件夹

    C. 包里面必须包含一个 __init__.py 文件

    D. 想要成功导入一个包，命名文件夹要遵循标识符的基本命名规则

10. 下列 __init__.py 文件的描述，正确的是(　　　　)。

    A. __init__.py 文件可以是空文件

    B. __init__.py 文件可以包含一些代码

    C. __init__.py 文件中的代码，在包被导入时执行

    D. 包里面必须包含 __init__.py 文件

三、判断题

1. 函数可以没有参数或只拥有一个参数。　　　　　　　　　　　　（　　　）
2. 函数体可以调用其他函数，但是不能调用函数自身。　　　　　　（　　　）
3. 在调用函数时，实参的个数和形参的个数必须相等。　　　　　　（　　　）
4. 一个参数具有了默认参数，就不能再为其传递实参了。　　　　　（　　　）
5. 在 Python 代码中，一个 .py 文件对应一个模块。　　　　　　　（　　　）
6. 内置模块不需要导入，就可以直接使用。　　　　　　　　　　　（　　　）
7. 只有包含了 __init__.py 文件的文件夹，才可以作为一个包。　　（　　　）
8. __init__.py 文件中的代码不会被自动执行。　　　　　　　　　（　　　）
9. 通常情况下，不需要关心内置模块保存的位置，可以直接导入。　（　　　）
10. 自定义模块无论保存在哪里，都可以被 Python 解释器找到。　　（　　　）

第7章
面向对象程序设计

Python 支持面向对象(Object Oriented Programming,OOP)编程,这决定了它可以以类的思想去理解和设计程序。那么,什么是对象? 什么是类? 对象和类之间又存在着什么关系呢?

对象是一个具体的概念,它可以是人们接触到的任何事物。例如,对象可以是整数、句子、单词,也可以是楼房、汽车、行人。此外,对象不仅包括具体事物的本身属性,还包括对该事物的操作方法。从本质上来说,对象是一种数据的封装,它把一个事物的属性和对该事物的操作方法封装到了一起。例如,我有一台笔记本电脑,它是黑色的、可充电、具有 2GB 的内存、4 核的 CPU 和 320GB 的硬盘,我可以用这台笔记本电脑看电影、听音乐。这里所说的笔记本电脑就是一个对象,它具有黑色的、可充电等属性,同时具有看电影、听音乐等操作方法。

类是一个抽象的概念,它是具有相同属性和行为的一类对象。例如,上例中的笔记本电脑是一个具体的对象,而若干台笔记本电脑就可以抽象成一个笔记本电脑类。笔记本电脑类具有颜色、充电性、内存大小、CPU 核数、硬盘大小等属性,同时具有看电影、听音乐等操作功能。

自然,对象和类之间是一种具体和抽象的关系。在面向对象程序设计中,类往往被看成是创建对象的模板。例如,程序员设计出一个具有颜色属性的笔记本电脑类后,通过该类就可以实例化出具有红色、黑色、蓝色等不同颜色的笔记本电脑对象。

类与类之间并不是相互独立的,它们之间存在着继承、包含等关系。例如,笔记本电脑属于计算机的一种,因此,在设计一个笔记本电脑类时,它可以继承计算机类的所有属性和方法。

图 7-1 以计算机为例,描述了类和类、类和对象之间的关系。

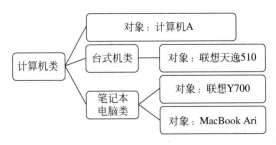

图 7-1 类、对象关系图

在上例中,首先抽象出一个计算机类,它具有内存大小、CPU 主频等属性和开机、关机等方法。根据计算机类实例化了一个具体的对象计算机 A,它的内存为 2GB、CPU 主频为 1.5GHz,可以开机、关机。而台式机类不但继承了计算机类的内存大小、CPU 主频等属性和开机、关机等方法,还具有显示器与主机分离的属性。此时,台式机类继承了计算机类,计算机类是台式机类的基类(父类),台式机类是计算机类的派生类(子类)。台式机类实例化了一个具体的对象就是联想天逸 510,它的内存为 8GB、CPU 主频为 3.6GHz、显示器与主机是分离的,可以开机、关机,所以联想天逸 510 是台式机类的一个对象。当然,类似的还有笔记本电脑类。

7.1　类的定义与使用

7.1.1　定义类

在 Python 中,使用关键字 class 定义一个类,其基本语法如下:

```
classs 类名(基类名):
    类内代码
```

类的命名规则同变量一样,使用字母、数字或下画线,数字不能作为名称的开头。推荐类名以字母开头,并大写。如果类有基类的话,将基类名称写在小括号里。

在 Python 中,有一个特殊的类 object,它是所有类的抽象,是一个类的类。它包含了所有类都通用的一些属性,所有类都可以继承它,而继承了 object 类的类可称为新式类。虽然 Python 没有强制要求类一定要继承 object,但推荐使用新式类。

类内代码包括了类的属性和方法,或者说类由属性和方法组成。属性是类自身的数据、方法是类的操作。具体的形式,属性是不同数据类型的变量、方法是函数。

例 7-1　定义图 7-1 中描述的计算机类示例。

```python
class Computer(object):
    def __init__(self, size, freq):
        self.memorySize = size
        self.cpuFreq = freq
        self.__isStart = False

    def startup(self):
        self.__isStart = True
        print '系统已启动'

    def shutdown(self):
        self.__isStart = False
        print '系统已关闭'
```

上例定义了一个计算机类,该类有三个属性:内存大小(memorySize)、CPU 频率(cpuFreq)和是否开机(__isStar)。有两个方法:开机(startup)和关机(shutdown)。

7.1.2　使用类

类不能直接使用,只能由类实例化出具体的对象才可以使用。实例化对象的基本语法如下:

对象名 = 类名(参数 1,参数 2,…)

对象建立以后,可以调用它的公共属性和方法,其基本语句如下:

对象名.属性名
对象名.方法名(参数 1,参数 2,…)

例 7-2　实例化计算机类示例。

```python
class Computer(object):
    def __init__(self, size, freq):
        self.memorySize = size
        self.cpuFreq = freq
        self.__isStart = False

    def startup(self):
        self.__isStart = True
        print '系统已启动'

    def shutdown(self):
        self.__isStart = False
        print '系统已关闭'


computerA = Computer(2,1.5)
computerA.startup()
computerA.cpuFreq = 1
computerA.shutdown()
```

7.2　类的属性

7.2.1　公有和私有属性

类的属性有公有和私有之分。公有属性可以通过"对象名."的方式获得和修改,基类的公有属性可以被子类继承。私有属性不可以通过"对象名."的方式获得和修改,只能通过类的方法来获得和修改,基类的私有属性子类不可以直接使用。

在诸如 C++ 和 Java 等语言中,有特定的关键字来区分公有和私有。而 Python 没有这样的关键字,它是通过命名规则来区分公有和私有的。具体的做法是,属性名称以双下画线开头的是私有属性,否则是公有属性。使用名称或格式来表示某种语法,是 Python 的特色之一。此外,与 C++ 和 Java 等语言相比,Python 没有保护类型的属性。

例 7-2 中的 Computer 类包含了三个属性。其中,memorySize 和 cpuFreq 是公有属性,

__isStart 是私有属性。因此,在例 7-2 中可以通过执行语句"computerA. cpuFreq ＝ 1"来修改 cpuFreq 的值。但是,如果执行类似"print computerA. __isStart"这样的语句,就会产生"AttributeError:'Computer' object has no attribute '__isStart'"的错误。因为私有属性__isStart 不能直接访问。但奇怪的是如果执行赋值语句"computerA. __isStart ＝ True"却是被允许的。

例 7-3　公有和私有属性示例。

```
class A:
    def __init__(self):
        self.__prive = "私有属性"
        self.public = '公有属性'
a = A()
a.__prive = '新的属性值'
print a.__prive
```

例 7-3 运行结果如下:

新的属性值

通过对比代码运行结果可以发现,执行语句"a. __prive ＝ '新的属性值'"时,系统并没有报错,语句"print a. __prive"也能正常执行了。

为什么会产生这样的现象呢? 想要解释这一现象,就需要知道 Python 到底是如何实现公有和私有属性的。

7.2.2　name mangling

name mangling 是程序设计语言常用的一种处理标识符的方法,可翻译为名称改写。简单地说,就是程序设计语言的编译器或解释器,会对代码中的标识符按照某种规则进行改写。而 Python 就是通过这种方法来区分公有和私有属性的。实际上,Python 中并没有真正的私有属性,它的属性全部是公有的,只不过以双下画线开头的属性保存时,Python 会在它的前面加上"_类名"。这样,所谓的私有属性的名称,实际上并不是代码中的名称,所以直接使用代码中的名称是不能访问它的。

所有类的内置属性__dict__,以字典的形式保存了该类实例化对象的所有自定义属性和该属性所对应的值。在例 7-3 中,执行语句"print a. __dict__. viewkeys()",可得到如下结果:

dict_keys(['public', '_A__prive'])

对比上述结果不难发现,对象 a 中,并没有一个叫做__prive 的属性,而是有一个叫做_A__prive 的属性。

又因为,对于一个从类实例化出来的对象,可以通过如下语法来为它添加一个属性:

对象名.属性名＝属性值

要注意的是,这个属性是这个对象特有的,而不是类具有的。所以在例 7-3 中,执行语句"a. __prive ＝ '新的属性值'"的作用是,添加一个叫做__prive 的新属性到对象 a 中。此时，如果执行语句"print a.__dict__.viewkeys()"，可得到如下结果：

```
dict_keys(['__prive', 'public', '_A__prive'])
```

对比上述结果不难发现，对象 a 中多了一个叫做__prive 的属性。

例 7-4 name mangling 示例。

```
class A:
    def __init__(self):
        self.__prive = "私有属性"
        self.public = '公有属性'
a = A()
b = A()
print a.__dict__.viewkeys()
print b.__dict__.viewkeys()

#赋值新属性后
a.__prive = '新的属性值'
print '赋值以后:'
print a.__dict__.viewkeys()
print b.__dict__.viewkeys()

#访问真正的__prive
print a._A__prive
```

例 7-4 运行结果如下：

```
dict_keys(['public', '_A__prive'])
dict_keys(['public', '_A__prive'])
赋值以后:
dict_keys(['__prive', 'public', '_A__prive'])
dict_keys(['public', '_A__prive'])
私有属性
```

对比上述结果可发现，在没有给 a.__prive 赋值之前，对象 a 和 b 都只有两个属性 public 和_A__prive。执行完赋值语句以后，对象 a 中有三个属性__prive、public 和_A__prive，多出了一个__prive 属性，而对象 b 中还是只有两个属性。

根据 Python 中 name mangling 的规则，类 A 中的私有属性__prive 的真正名称是_A__prive，所以例 7-4 中，执行语句"print a._A__prive"就可以访问它了。当然，并不推荐这样访问私有属性，而是应该用相应的方法访问它。

7.2.3 实例属性和类属性

Python 的属性还分为实例属性和类属性。在定义类时，写在类的实例方法中的带有"实例参数名."前缀的属性（通常情况下，是构造方法__init__()中的带有"self."前缀的属性），和通过"对象名.属性名"的形式赋值的属性，属于实例属性。实例属性属于每一个类实例化出的对象，每个对象的实例属性值都是不一样的。类属性直接定义在类里面，与定义它的类绑定，所有该类实例化出的对象共享该属性。类属性的调用采用"类名."加属性名的方法，无论是否实例化了对象，类属性都可以使用。

例 7-5　实例属性和类属性示例。

```
class A:
    c = 0
    def __init__(self):
        self.s = 0
    def show(self):
        print ('c 的值: % d\ns 的值: % d' % (self.c, self.s))
A.c += 1
a1 = A()
a2 = A()
a1.show()
a2.show()

#c 和 s 自加 1
A.c += 1
a1.s += 1
a1.show()
a2.show()
```

例 7-5 运行结果如下：

```
c 的值:1       s 的值:0
c 的值:1       s 的值:0
c 的值:2       s 的值:1
c 的值:2       s 的值:0
```

在上述代码中，属性 c 属于类属性，属性 s 属于实例属性。对比上述结果可发现，类属性 c 在类 A 没有实例化对象之前，就可以使用。在对类属性 c 和实例属性 s 分别加 1 后，对象 a 和对象 b 的输出中 c 的值是一样的，这表明所有对象共享类属性，而 s 的值并不一样，说明每个对象的实例属性是独立的。

7.2.4　类的内置属性

类的内置属性是由 Python 语言自带的，每个类都具备的属性。想要知道一个类里面包含了哪些属性和方法，可以通过内置函数 dir() 来获得。对一个经典空类（没有自定义属性和方法的类，也没有基类）使用函数 dir()，可获得如下结果：

```
['__doc__', '__module__']
```

这里，__doc__ 和 __module__ 就是经典类的内置属性。

对一个新式空类（没有自定义属性和方法的类，继承了类 object）使用函数 dir()，可获得如下结果：

```
['__class__', '__delattr__', '__dict__', '__doc__', '__format__', '__getattribute__', '__hash__',
'__init__', '__module__', '__new__', '__reduce__', '__reduce_ex__', '__repr__', '__setattr__',
'__sizeof__', '__str__', '__subclasshook__', '__weakref__']
```

不过,这里大部分是内置方法,如__hash__等,常用的内置属性及功能如表 7-1 所示。

表 7-1 常用的内置属性及功能

属 性 名	功 能
__doc__	类的文档字符串
__module__	类所在的模块
__class__	对象所在的类
__dict__	类所包含的属性和属性值
__weakref__	弱引用

例 7-6 使用类的内置属性示例。

```
class A(object):
    'this is class A'
    def __init__(self,):
        self.pro = 0
a = A()
print 'a 的类文档: % s'% a.__doc__
print 'a 所属模块: % s'% a.__module__
print 'a 所属类: % s'% a.__class__
print 'a 所包含的属性: % s'% a.__dict__
```

例 7-6 运行结果如下:

```
a 的类文档: this is class A
a 所属模块:__main__
a 所属类:<class '__main__.A'>
a 所包含的属性:{'pro': 0}
```

7.3 方法

类的方法也有公有和私有之分。与属性一样,它们也是通过双下画线开头来区分的,私有方法同样不能被直接访问。同样地,方法也分为实例方法和类方法。实例方法属于每一个类实例化出的对象,它可以调用类的实例属性。类方法只属于类,它不需要实例化对象就可以使用,但它不能直接使用类的实例属性。

7.3.1 实例方法和 self 参数

类的实例方法在定义时,它的第一个参数代表该类的实例,通常被命名为 self,但Python 并没有强制要求必须为 self,用其他的名称也是可以的。在实例方法内部使用类的实例属性,需要用"self."加属性名称的方法。因为第一个参数代表的是类的实例,所以在调用时不需要为第一个参数赋值,Python 会自动把实例作为参数传给方法。

例 7-7 类方法中 self 参数的使用示例。

```
# self 参数

class A(object):
```

```
    def __init__(self):
        self.pro = 0
    def fun1(this):
        print this.pro
    def fun2(self, p):
        self.pro = p
        print self.pro
a = A()
a.fun1()
a.fun2(5)
a.fun1()
```

例 7-7 运行结果如下：

```
0
5
5
```

在上述代码中，方法 fun1() 和 fun2() 分别用了 this 和 self 作为第一个参数，在最后一次执行方法 fun1() 和方法 fun2() 时得到的结果都是 5，可见 this.pro 和 self.pro 指向的是同一个属性。

7.3.2 类方法和 cls 参数

在 Python 中，可以使用修饰符@ classmethod 把一个类的方法标识为类方法，也可以使用内置函数 classmethod() 将一个方法转换为类方法。类方法与实例方法的主要区别是，类方法的第一个参数代表类，通常被命名为 cls。同样地，Python 并没有强制要求其必须为 cls，用其他的名称也是可以的。类方法的内部不能使用类的实例属性，只能以"cls."加属性名称的方法来使用类属性。

类方法在调用时，不需要实例化出类的对象，只需要使用"类名."加类方法名称的形式就可以。

例 7-8 定义和使用类方法示例。

```
class A(object):
    n = 3
    def __init__(self):
        self.pro = 0
    @classmethod
    def fun1(cls,a,b):
        print a + b + cls.n
    def fun2(cls,a,b):
        print a * b + cls.n
    fun3 = classmethod(fun2)

A.fun1(4,3)
A.fun3(4,3)
```

例 7-8 运行结果如下：

```
10
15
```

在上述代码中,调用类方法 fun1()和 fun3()是不需要实例化对象的。类方法 fun1()使用修饰符@classmethod 创建,修饰符@classmethod 一般写在类方法的上一行。类方法 fun3()是使用内置 classmethod(),由方法 fun2()转换来的。此外,在类方法 fun1()和 fun3()中,都使用了类属性 n。

7.3.3 静态方法

除了实例方法和类方法以外,Python 还提供一种静态方法。在 C++和 Java 等语言中,有专门的关键字来定义静态方法,但 Python 并没有提供这样的关键字。在 Python 中,可以使用修饰符@staticmethod 把一个类的方法标识为静态方法,也可以使用内置函数 staticmethod()将一个方法转换为静态方法。

实际上,静态方法和类方法几乎是一样的。只不过静态方法在定义时,没有 cls 参数的限制。也就是说,它不需要把第一个参数留给类的实例。当然,静态方法是可以访问类属性的,只要直接使用"类名."的方式就可以了。

例 7-9 定义和使用静态方法示例。

```
class A(object):
    'this is class A'
    n = 3
    def __init__(self):
        self.pro = 0
    @staticmethod
    def fun1(a,b):
        print a + b + A.n
    def fun2(a,b):
        print a * b
    fun3 = staticmethod(fun2)

A.fun1(4,3)
A.fun3(4,3)
```

例 7-9 运行结果如下:

```
10
12
```

在上述代码中,调用静态方法 fun1()和 fun3()是不需要实例化对象的。静态方法 fun1()使用修饰符@staticmethod 创建,修饰符@staticmethod 一般写在静态方法的上一行。此外,在静态方法 fun1()中,使用了类属性 n。静态方法 fun3()是使用内置 staticmethod(),由方法 fun2()转换来的。要注意的是,由于没有 self 参数,也没有@staticmethod 修饰符,所以方法 fun2()是不能直接调用的。

7.3.4 构造方法和析构方法

构造方法用于初始化实例,为实例属性设置初始值。在 Python 中,构造方法的名称必须为__init__。构造方法__init__()是可选的,如果没有自定义__init__()方法,Python 会提供一个内置的__init__()方法。

构造方法__init__()一般不被直接调用。因为当实例化一个对象的时候,会自动调用它。可以说,它在对象创建之初被自动调用。

析构方法用于还原实例,释放对象占用的资源。在 Python 中,析构方法的名称必须为__del__。析构方法__del__()也是可选的,如果没有自定义__del__()方法,Python 会提供一个内置的__del__()方法。

同样地,析构方法__del__()一般也不被直接调用。因为当一个对象被回收时,会自动调用它。可以说,它在对象结束时被自动调用。

例 7-10　使用构造方法和析构方法示例。

```python
class A(object):
    def __init__(self, p1, p2):
        self.pro1 = p1
        self.pro2 = p2
        print '对象构造完毕'
    def __del__(self):
        self.pro1 = 0
        self.pro2 = 0
        print '对象已析构'
a = A(3,3)
del a
```

例 7-10 运行结果如下:

```
对象构造完毕
对象已析构
```

在上述代码中,不需要显式地调用构造方法__init__()和析构方法__del__()。它们会在对象 a 创建和回收时自动调用。

7.4　继承

除了抽象(类)到具体(对象)以外,面向对象编程的另一个特点就是继承。继承是类和类之间的关系,由一个已有的类,扩展出一个新类,新类具备已有类的全部或大部分属性和方法。此时,已有类叫做基类或父类,而新类叫做派生类或子类。因此,可以说基类派生出了派生类,也可以说派生类继承自基类。

7.4.1　简单继承

一个类想要继承另一个类,只需要在定义时,在派生类名后面的小括号里,填写基类的名称就可以了。要注意的是,如果基类自定义了构造方法__init__(),派生类在其构造方法__init__()中,要显示调用基类的构造方法,以便使基类可以正常构造。

例 7-11　继承一个类示例。

```python
#基类
```

```
class Computer():
    def __init__(self, size, freq):
        self.memorySize = size
        self.cpuFreq = freq
        self.__isStart = False

    def startup(self):
        self.__isStart = True
        print '系统已启动'

    def shutdown(self):
        self.__isStart = False
        print '系统已关闭'

#派生类
class Laptop(Computer):
    def __init__(self, size, freq):
        Computer.__init__(self, size, freq)   #显示调用基类的构造方法
        self.isSep = True
        self.isCell = True
        self.cellTime = 10
```

在上述代码中,Laptop 类继承了 Computer 类。此时,Laptop 类是派生类,Computer 类是基类。为了能够正常地初始化 Computer 类,在 Laptop 类的构造方法__init__()中,显式地调用了 Computer 类的构造方法__init__()。

7.4.2　私有属性和方法

在继承的过程中,基类的私有属性和方法是不会被派生类继承的。如在例 7-11 中,Computer 类的属性__isStart 属于私有属性。在派生类 Laptop 中,如果使用 self.__isStart 的形式调用它,就会产生一个“AttributeError：Laptop instance has no attribute '_Laptop__isStart'”错误。

实际上,正如在 name mangling 节中提到的：Python 并没有真正意义上的私有,它只是通过名称改写的方式来实现私有的。自然在继承时,派生类是继承了基类的所有属性和方法的,只是名称不一样而已。对例 7-11 中的 Laptop 类,执行如下代码：

```
a = Laptop(3,4)
print dir(a)
```

该段代码得到的结果是：

```
['_Computer__isStart', '__doc__', '__init__', '__module__', 'cellTime', 'cpuFreq', 'isCell', 'isSep',
'memorySize', 'shutdown', 'startup']
```

对比上述结果,可以发现属性__isStart 在 Laptop 类中的名称是_Computer__isStart,而在 Laptop 类中调用 self.__isStart,系统会将其改写为_Laptop__isStart。因此,调用 self.__isStart 不成功。可见,Python 是通过这种方法来实现隐藏基类的私用属性的。当然,通过“self._Computer__isStart”的方式,是可以调用 Computer 类的私有属性__isStart 的,不

过除了调试代码时，其他时候并不推荐使用这种方法。

7.4.3　方法重写

对于那些派生类继承自基类的方法，如果有些不满足派生类的要求，派生类是可以采用重写的方法来覆盖掉它的。重写基类方法后，如果在派生类的内部，还需要使用基类的方法，可以使用"基类名称."的方式调用。

例 7-12　重写方法示例。

```
#基类
class Computer():
    def __init__(self, size, freq):
        self.memorySize = size
        self.cpuFreq = freq
        self.__isStart = False

    def startup(self):
        self.__isStart = True
        print '系统已启动'

    def shutdown(self):
        self.__isStart = False
        print '系统已关闭'

#派生类
class Laptop(Computer):
    def __init__(self, size, freq):
        Computer.__init__(self, size, freq) #显示调用基类的构造方法
        self.isSep = True
        self.isCell = True
        self.cellTime = 10
    def shutdown(self):
        self.cellTime = 0
        self.__isStart = False
        Computer.shutdown(self)
        print '电量耗尽,系统已关闭.'
laptop = Laptop(4,2.7)
laptop.shutdown()
```

例 7-12 运行结果如下：

```
系统已关闭
电量耗尽,系统已关闭.
```

对比代码运行结果，可以发现语句"laptop. shutdown（）"执行的是 Laptop 类的 shutdown()方法，而不是 Computer 类的。但是，在 Laptop 类的 shutdown()方法内部，执行了 Computer 类的 shutdown()方法。

7.4.4　多重继承

多重继承允许一个派生类继承多个基类，同时具备多个基类的属性和方法。如笔记本电脑既具备计算机的特性，又具备移动设备的特性，所以在设计笔记本电脑类时，可以让它

继承计算机类和移动设备类。多重继承的语法如下所示：

```
class 派生类名(基类名 1, 基类名 2, … ):
    类内代码
```

例 7-13 多重继承示例。

```
＃基类 1
class Computer():
    def __init__(self, size, freq):
        self.memorySize = size
        self.cpuFreq = freq
        self.__isStart = False

    def startup(self):
        self.__isStart = True
        print '系统已启动'

    def shutdown(self):
        self.__isStart = False
        print '系统已关闭'

＃基类 2
class Mobile():
    def __init__(self, hours):
        self.isSep = True
        self.isCell = True
        self.cellTime = hours

＃派生类
class Laptop(Computer, Mobile):
    def __init__(self, size, freq, hours):
        Computer.__init__(self, size, freq)
        Mobile.__init__(self, hours)
```

在上述代码中，Laptop 同时继承了 Computer 类和 Mobile 类，它具备了两个类的属性和方法。当然，在 Laptop 类的构造方法中要分别地显式调用 Computer 类和 Mobile 类的构造方法，才能使它们构造成功。

习题 7

一、单项选择题

1. 在 Python 中，用关键字(　　)表示要定义一个类。

    A. fun   B. class   C. def   D. return

2. 下列标识符，不能作为类名的是(　　)。

    A. Computer   B. Computer1   C. 1 Computer   D. Computer_1

3. 实例化一个对象，可以使用语法(　　)。

    A. 对象名＝类名(参数 1,参数 2,…)   B. 对象名＝类名(基类名)

C. 对象名＝类名(对象名)　　　　　　　D. 对象名＝(参数1,参数2,…)

4. 调用一个对象的公有属性,可以使用语法(　　　)。

A. 类名.属性名　　　　　　　　　　　B. 对象名.属性名

C. 对象名->属性名　　　　　　　　　D. 属性名

5. 调用一个对象的公有方法,可以使用语法(　　　)。

A. 类名.方法名　　　　　　　　　　　B. 对象名.方法名

C. 对象名->方法名　　　　　　　　　D. 方法名

6. 类的属性可分为公有属性和(　　　)。

A. 私有属性　　　　B. 内置属性　　　　C. 实例属性　　　　D. 类属性

7. 下列属性,可能是私有属性的是(　　　)。

A. __p　　　　　　B. _p　　　　　　C. p　　　　　　D. p__

8. 下列代码中,属于私有属性的是(　　　)。

```python
class Computer(object):
    def __init__(self, size, freq):
        self.memorySize = size
        self.cpuFreq = freq
        self.__isStart = False
```

A. memorySize　　　B. cpuFreq　　　　C. __isStart　　　D. self

9. 类的属性可分为实例属性和(　　　)。

A. 私有属性　　　　B. 内置属性　　　　C. 公有属性　　　　D. 类属性

10. 所有类实例化出的对象都共享(　　　)。

A. 私有属性　　　　B. 实例属性　　　　C. 公有属性　　　　D. 类属性

11. 下列代码中,属于类属性的是(　　　)。

```python
class Computer(object):
    n = 0
    def __init__(self, size, freq):
        self.memorySize = size
        self.cpuFreq = freq
        self.__isStart = False
```

A. memorySize　　　B. cpuFreq　　　　C. __isStart　　　D. n

12. 类的方法可分为私有方法和(　　　)。

A. 私有方法　　　　B. 静态方法　　　　C. 公有方法　　　　D. 类方法

13. 修饰符@classmethod 可以用来定义一个(　　　)。

A. 全局方法　　　　B. 静态方法　　　　C. 实例方法　　　　D. 类方法

14. 修饰符@staticmethod 可以用来定义一个(　　　)。

A. 全局方法　　　　B. 静态方法　　　　C. 实例方法　　　　D. 类方法

15. 类方法中可以访问(　　　)。

A. 类属性　　　　　B. 私有方法　　　　C. 公有方法　　　　D. 公有属性

16. 类的构造方法为(　　　)。

A. init()　　　　　B. _init()　　　　　C. __del__()　　　　D. __init__()

17. 类的析构方法为（　　）。

    A. del()　　　　　　B. __del__()　　　　C. __del()　　　　D. __init__()

18. 类实例化一个对象时，自动调用的方法是（　　）。

    A. 析构方法　　　　B. 构造方法　　　　C. 静态方法　　　　D. 公有方法

19. 下列说法错误的是（　　）。

    A. 子类继承父类　　　　　　　　　　B. 基类继承派生类

    C. 派生类继承基类　　　　　　　　　D. 基类派生出了派生类

20. 下列说法错误的是（　　）。

    A. 简单继承是指派生类只有一个基类

    B. 多重继承是指派生类具有多个基类

    C. 类可以没有基类

    D. 除了 object 类，所有类都必须有基类

二、多项选择题

1. 类由（　　）组成。

    A. 属性　　　　　　B. 函数　　　　　　C. 方法　　　　　　D. 变量

2. 下列关于 object 类的描述，正确的是（　　）。

    A. object 类是所有类的抽象　　　　B. object 类是一个类的类

    C. 所有新式类都继承了 object 类　　D. 所有类都必须继承 object 类

3. 下列关于类内置属性的描述，正确的是（　　）。

    A. 类的内置属性是由 Python 语言自带的

    B. 类的内置属性是每个类都具备的属性

    C. 类的内置属性只有内置类才具备

    D. 类的内置属性是内置类的属性

4. 经典类（未继承 object 类）的内置属性为（　　）。

    A. __module__　　B. __class__　　　C. __doc__　　　　D. __dict__

5. 类的方法可分为（　　）。

    A. 全局方法　　　　B. 静态方法　　　　C. 实例方法　　　　D. 类方法

三、判断题

1. 类是一个抽象的概念，它是具有相同属性和行为的一类对象。　　　　　　（　　）

2. 对象是一个具体的概念，它可以是人们接触到的任何事物。　　　　　　（　　）

3. 类的所有属性都可以通过类名.属性名的方式调用。　　　　　　　　　　（　　）

4. 在 Python 中，使用 name mangling()方法来实现私有属性和私有方法。　（　　）

5. 对于一个从类实例化出来的对象，可以随时添加新的属性。　　　　　　（　　）

6. 类可以具有静态方法和静态属性。　　　　　　　　　　　　　　　　　（　　）

7. 类的静态方法可以访问类的实例属性。　　　　　　　　　　　　　　　（　　）

8. 类的静态方法的第一个参数代表类。　　　　　　　　　　　　　　　　（　　）

9. 一个派生类可以继承多个基类。　　　　　　　　　　　　　　　　　　（　　）

10. 在继承的过程中，基类的私有属性和方法是不会被派生类继承的。　　　（　　）

第 8 章

文件操作

在 Python 中，使用内置函数 print()和 input()或 raw_input()可以完成基本的(输入输出)操作。基本的 I/O 操作只适用于数据量较小并且不需要长久保存的简单情况。如果需要处理的数据情况较复杂，就需要使用文件。这里的文件可以简单理解为普通的磁盘文件，但实际上，Python 把它定义为一个抽象的概念，某些软硬件设备也属于文件。

8.1 文件和 file 对象

使用内建函数 open()打开一个文件后，会获得一个文件对象 file。或者使用一个内置的工厂函数 file()，也可以生产一个文件对象 file。实际上，这两个函数是一样的，只不过理解的角度不同而已。file 对象代表一个文件，一个文件由文件内容、缓冲区和一个指向文件某一个位置的指针组成。

8.1.1 打开文件

在 Python 中，使用内建函数 open()打开一个文件并获得一个文件类(file)的对象。open()函数的原型如下所示：

```
open(name[, mode[, buffering]])
```

其中，参数 name 代表要打开文件的路径，可以是相对路径或绝对路径；可选参数 mode 代表文件的打开模式，如"r"表示读取、"w"表示写入、"a"表示追加等，默认是"r"；可选参数 buffering 表示缓冲方式，0 表示不缓存、1 表示缓存一行数据，其他大于 1 的值表示缓存区的大小。

open()函数的基本用法如下所示：

```
>>> f = open('f:/text.txt')
>>> f = open('f:/text.txt','w')
>>> f = open('f:/text.txt','r + ')
```

注意：在 Windows 下，输入文件名时要加扩展名。

上例第一个语句，采用默认模式(即"r")打开一个文件，此时文件是只读的，也就是说不能进行读以外的操作，如写入等。而第二个语句，以写入模式打开一个文件，自然只能进行写入操作。文件打开模式所对应的操作如表 8-1 所示。

表 8-1　文件访问模式

文件模式	操　作
r	以读方式打开（默认）
U	通用换行符支持
w	以写方式打开，可能清空文件，可能创建文件
a	以追加模式打开，可能创建文件
r+	以读写模式打开
w+	以读写模式打开，其他同 w
a+	以读写模式打开，其他同 a
b	以二进制模式打开
t	以文本模式打开

8.1.2　file 对象的方法

file 对象提供的方法大致可分为：读、写、移动指针、其他 4 个方面。

1. 读

file 对象中，有如下 4 个方法用于读取文件内容。

（1）read()方法：直接读取给定数目的字节到字符串中。其原型如下所示：

```
file.read([size])
```

其中，可选参数 size 代表最多读取的字节数，如果该值为负数表示一直读到文件结尾，默认值为－1；该方法返回一个包含读取内容的字符串。

（2）readline()方法：从文件中读一整行到字符串中（包括换行符）。其原型如下所示：

```
file.readline([size])
```

其中，可选参数 size 代表最多读取的字节数，如果该值被设置为大于 0 的数，则最多读取 size 个字节，即使一行包含多于 size 个字节，如果该值被设置为负数表示一直读到行结尾，默认值为－1；该方法返回一个包含读取内容的字符串。

（3）readlines()方法：读取所有行到一个字符串列表中，它内部使用 readline()一行一行地读。其原型如下所示：

```
file.readlines([sizehint])
```

其中，可选参数 sizehint 代表大约读取的字节数，如果它被设置为大于 0 的数，则返回的字符串列表大约是 sizehint 字节（可能会多于这个值）。该方法返回一个包含读取内容的字符串列表。

（4）next()方法：返回文件下一行，常用于 for…in 语句读取文件。其原型如下所示：

```
file.next()
```

该函数没有参数，返回文件的下一行。

2．写

file 对象中，有如下两个方法用于向文件中写入数据。

（1）write()方法：写一个字符串到文件中。由于缓冲区的存在，执行完 write()方法以后，所写内容不一定会立即显示在文件中，直到调用了 flush()或 close()方法，才能保证所写内容显示在文件中。其原型如下所示：

```
file.write(str)
```

其中，参数 str 代表要写入的字符串，该方法没有返回值。

（2）writelines()方法：可简单理解为，将一个字符串列表中的内容写入到文件中。其原型如下所示：

```
file.writelines(sequence)
```

其中，参数 sequence 代表要写入的字符串列表，该方法没有返回值。

注意：实际上，参数 sequence 代表的是一个字符串序列。所谓字符串序列，指的是所有可以通过迭代器产生多个字符串的对象，当然最典型的就是字符串列表了。

3．移动指针

文件的读、写操作都是从指针所在的位置开始的。通过 tell()方法可以获得指针所在的位置。其原型如下所示：

```
file.tell()
```

该函数没有参数，返回指针所在的位置，它以字节为单位，n 字节代表距离文件开头 n 个字节的位置。

使用 seek()方法可以移动指针到文件的不同位置。其原型如下所示：

```
file.seek(offset[,whence])
```

其中，offset 代表偏移量；可选参数 whence 代表从那个位置开始移动，0 代表从文件开头开始算起，1 代表从当前位置开始算起，2 代表从文件末尾算起，默认为 0。

4．其他

file 对象的其他方法和功能如表 8-2 所示。

表 8-2　file 对象方法表

方　法　名	功　　能
file.close()	关闭文件
file.flush()	刷新文件缓冲区，立刻把缓冲区的数据写入文件
file.fileno()	返回一个整型的文件描述符
file.isatty()	文件是否连接到一个终端设备，是，返回 True，否，返回 False
file.truncate([size])	截取 size 字节的文件

8.1.3　file 对象的属性

除了方法以外，file 对象还提供了一些属性，表 8-3 列出了这些属性的名称和功能。

表 8-3　file 对象属性表

名　　称	功　　能
file. encoding	文件所使用的编码
file. closed	文件是否关闭
file. mode	文件的打开模式
file. name	文件名称
file. newlines	文件的行结束符
file. softspace	输出数据后是否带有空格

8.1.4　案例精选

案例 8-1　使用 file 对象完成文件复制。

代码中，自定义了一个具有文件复制功能的 copy()函数。函数设计的思想是：打开一个文件，按行将文件中的内容读入到内存，每读入一行就把该行写入到另一个文件中，直到读完为止。具体代码如下所示：

```
# 文件复制
def copy(src,dst):
    if src == dst:
        print '源文件和目标文件名不能相同.'
        return
    f_r = open(src)
    f_w = open(dst,'a')
    line = f_r.readline()
    while line:
        f_w.write(line)
        line = f_r.readline()
    f_w.flush()
    f_w.close()
    f_r.close()

fileName1 = raw_input('源文件名称:')
fileName2 = raw_input('目标文件名称:')
copy(fileName1,fileName2)
```

8.2　文件系统和相关模块

8.2.1　os 模块

文件系统是操作系统的重要组成部分，因此对文件的访问需要得到操作系统的支持。os 模块是 Python 的多操作系统接口，对操作系统的访问大都是在这个模块下实现的，尤其是对文件系统的操作。下面介绍使用 os 模块中的函数对文件和目录进行的一些操作。

1. 获得文件属性

在 Python 中,使用 os 模块中的 stat()函数,获得文件的属性。其原型如下所示:

```
os.stat(path)
```

其中,参数 path 表示文件的路径;返回值是一个 stat 对象,该对象中的一些属性对应着文件的属性。常用属性如下所示:

st_mode:文件的权限模式。

st_size:文件大小。

st_atime:最后访问时间。

st_mtime:最后修改时间。

st_ctime:平台依赖,在 Windows 下是文件的创建时间。

例 8-1 文件属性操作示例。

```
import os
s = os.stat('f:/11.txt')
print '该文件的大小是: %d 字节' % s.st_size
print '该文件的最后访问时间是: %s' % s.st_atime
print '该文件的最后修改时间是: %s' % s.st_mtime
print '该文件的创建时间是: %s' % s.st_ctime
```

例 8-1 运行结果如下:

```
该文件的大小是: 28 字节
该文件的最后访问时间是: 1501554328.39
该文件的最后修改时间是: 1501554339.63
该文件的创建时间是: 1501554328.39
```

在上述代码中,日期用一些数字表示。这就是所谓的时间戳,可以使用 datetime 模块中的一些函数把它转为相应的日期。

2. 删除文件

在 Python 中,使用 os 模块中的 remove()函数,删除一个文件。其原型如下所示:

```
os.remove(path)
```

其中,参数 path 表示文件的路径,如果该路径对应的是一个目录,那么将有一个 OSError 错误产生;该函数没有返回值。

此外,os 模块中还有一个 unlink()函数,它的功能与 remove()函数完全一样,只是采用了 UNIX 惯用的命名方式。

remove()函数的基本用法如下:

```
>>> import os
>>> os.remove('f:/11.txt')
```

3．重命名文件

在 Python 中，使用 os 模块中的 rename()函数，重命名一个文件或目录。其原型如下所示：

```
os.rename(src,dst)
```

其中，参数 src 表示要修改的文件或目录名；参数 dst 表示修改后的文件或目录名，dst 如果已存在，将抛出一个 OSError 错误；该函数没有返回值。

rename()函数的基本用法如下：

```
>>> import os
>>> os.rename('f:/11.txt', 'f:/12.txt')    ♯重命名文件
>>> os.rename('f:/11', 'f:/12')            ♯重命名目录
>>> os.rename('f:/12.txt', 'e:/12.txt')    ♯把文件 12.txt 从 f 盘移动到 e 盘
>>> os.rename('e:/12.txt', 'f:/11.txt')    ♯把文件 12.txt 从 e 盘移动到 f 盘,并重命名为 11.txt
```

在 Windows 下，重命名要遵循系统的限制，如一个打开的文件不能重命名，新名字不能是存在的等。此外，如果重命名的是一个文件，那么如果改变它的路径，也可以起到移动文件的作用。但是目录不可以，如果执行下面的语句，系统将产生一个 WindowsError 错误。

```
>>> os.rename('f:/11','e:/11')             ♯这是一个错误的操作
```

4．获取当前目录

在 Python 中，使用 os 模块中的 getcwd()函数，获得当前目录，即脚本所在目录。其原型如下所示：

```
os.getcwd()
```

该函数没有参数，返回一个表示当前工作目录的字符串。

getcwd()函数的基本用法如下：

```
>>> import os
>>> os.getcwd()
```

5．获取目录内容

在 Python 中，使用 os 模块中的 listdir()函数，获得目录中的文件名。其原型如下所示：

```
os.listdir(path)
```

其中，参数 path 表示目录所在路径；该函数返回一个包含子目录和文件名称的列表，这个列表是无序的，而且不包括".""和".."。

listdir()函数的基本用法如下：

```
>>> import os
>>> os.listdir ('f:/12')
```

使用 listdir()函数获取的文件名中，如果包含子目录，它只会显示子目录的名称，而不

会显示子目录里面的文件名。如果需要获得子目录中的文件名，可使用 os 模块中的 walk() 函数。其原型如下所示：

```
os.walk(top[, topdown[, onerror[, followlinks = False]]])
```

其中，参数 top 表示根目录路径；可选参数 topdown 表示遍历目录时的顺序，如果为"True"，表示先访问当前目录再访问子目录，如果为"False"，表示先访问子目录再访问当前目录，默认为"True"；可选参数 onerror 表示遍历目录出错时产生的错误，默认为 None。可选参数 followlinks 表示是否通过软链接访问目录，默认为"False"；该函数返回一个 [文件夹路径，文件夹名字，文件名] 的三元组序列。

例 8-2　获取当前目录和目录内容示例。

```
# 获取当前目录和目录内容

import os
# 获得当前目录
main_path = os.getcwd()

# 获得当前目录文件名(不包括子目录中的文件)
print '当前目录文件名:'
paths = os.listdir(main_path)
for path in paths:
    print path

# 获得当前目录文件名(包括子目录中的文件)
print '当前目录和子目录文件名:'
for path_t3 in os.walk(main_path):
    for path in path_t3[2]:
        print '% s\% s'% (path_t3[0],path)
```

例 8-2 运行结果如下：

```
当前目录文件名:
1
1.txt
2.txt
例 8 - 2.py
当前目录和子目录文件名:
F:\123\1.txt
F:\123\2.txt
F:\123\例 8 - 2.py
F:\123\1\1.txt
F:\123\1\2.txt
```

6. 其他常用函数

在 os 模块中，与文件操作相关的其他常用函数如表 8-4 所示。

表 8-4　os 模块文件/目录相关函数表

函　数　名	功　　能
os. access(path, mode)	检验文件权限
os. chmod(path, mode)	更改文件权限
os. open(file, flags[, mode])	打开一个文件,返回文件的描述符(不是 file 对象)
os. close(fd)	关闭文件描述符
os. fpathconf(fd, name)	获得文件的系统信息
os. fstat(fd)	返回文件描述符 fd 所对应文件、状态
os. mkdir(path[, mode])	创建一个目录
os. rmdir(path)	删除一个空目录

8.2.2　os. path 模块

os. path 模块提供了一些处理文件路径的函数,如绝对路径转相对路径,从路径中提取文件名等。在 os. path 模块中,常用的函数如表 8-5 所示。

表 8-5　os. path 模块常用函数表

函　数　名	功　　能
os. path. basename(path)	获得路径中的文件名
os. path. dirname(path)	获得路径中的目录路径
os. path. split(path)	将路径分隔为目录路径和文件名的元组
os. path. join(path, * paths)	使用目录和文件名组合路径
os. path. abspath(path)	获得绝对路径
os. path. exists(path)	判断路径是否存在
os. path. isfile(path)	判断路径对应的是否为文件
os. path. isdir(path)	判断路径对应的是否为目录

例 8-3　用 os. path 模块中的函数处理路径示例。

```
import os.path

path = raw_input('请输入路径:')
if os.path.exists(path):
    if os.path.isfile(path):
        print '这是一个文件.'
    elif os.path.isdir(path):
        print '这是一个目录'
else:
    print '这不是一个路径或路径文件不存在.'
```

上述代码,可以判断用户输入的字符串是否为一个有效的路径。如果是一个有效的路径,判断该路径指向的是文件还是目录。

8.2.3　shutil 模块

shutil 模块提供了一些在文件或文件集上的高级操作,尤其是文件的复制和移动。文件的复制和移动之所以被认为是高级操作,主要是因为对目录的移动和复制,包含了目录中的所有文件和子目录的移动和复制。

1．复制文件或目录

想要执行一些诸如移动或复制之类的高级文件操作，需要使用 shutil 模块下的函数。shutil 模块提供了一些在文件或文件集上的高级操作，尤其是文件的复制和移动。

在 Python 中，使用 shutil 模块中的 copy() 函数，复制一个文件。其原型如下所示：

```
shutil.copy(src,dst)
```

其中，参数 src 表示要复制的文件，它只能是文件的路径；参数 dst 表示复制后的文件，它可以是文件或目录。

copy() 函数的基本用法如下所示：

```
>>> import shutil
>>> shutil.copy('f:/11.txt', 'f:/12.txt')    ＃将 11.txt 复制为 12.txt
>>> shutil.copy('f:/11.txt', 'f:/11')        ＃将 11.txt 复制到 11 文件夹下
```

shutil 模块中的 copy() 函数只能复制一个文件，如果想要复制目录和目录中的内容，需要使用 copytree() 函数。其原型如下所示：

```
shutil. copytree (src, dst)
```

其中，参数 src 表示要复制的目录，参数 dst 表示复制后的目录。

copytree() 函数的基本用法如下所示：

```
>>> import shutil
>>> shutil. copytree ('f:/11', 'f:/12')
```

2．移动文件或目录

在 Python 中，使用 shutil 模块中的 move() 函数，移动一个文件或目录。其原型如下所示：

```
shutil.move(src, dst)
```

其中，参数 src 表示要移动的文件，它可以是文件或目录；参数 dst 表示移动后的位置。

move() 函数的基本用法如下所示：

```
>>> import shutil
>>> shutil.move('f:/12.txt','f:/11')          ＃将 12.txt 移动到 11 文件夹中
>>> shutil.move('f:/11.txt','f:/11/13.txt')   ＃将 11.txt 移动到 11 文件夹中，并重命名为 13.txt
>>> shutil.move('f:/11','e:/11')              ＃将文件夹 11，从 f 盘移动到 e 盘
```

实际上，shutil 模块中的 move() 函数与 os 模块中的 rename() 函数都可以移动文件，但是要想移动目录就只能使用 shutil 模块中的 move() 函数。

3．删除非空目录

os 模块中的 rmdir() 函数只能删除一个空目录，如果删除的目录不为空，就会产生一个 OSError 错误。此时，可以使用 shutil 模块中的 rmtree() 函数，删除不为空的目录。其原型

如下所示：

```
shutil.rmtree(path[, ignore_errors[, onerror]])
```

其中，参数 path 表示目录所在路径；参数 ignore_errors 是一个可选参数，如果它为"Ture"，当删除目录失败时忽略错误信息，如果它为"False"，当删除目录失败时将产生参数 onerror 所对应错误，默认为"False"；参数 onerror 是一个可选参数，表示错误信息，默认为 None。

rmtree()函数的基本用法如下所示：

```
>>> import shutil
>>> shutil. rmtree ('f:/13')
```

8.2.4 案例精选

案例 8-2 文件系统基本操作。

该程序中，自定义了两个函数 showPro()和 traversal()。showPro()函数的功能是显示文件信息，它通过 os 模块的 stat()函数获得文件信息，通过 time 模块的 strftime()函数转换时间戳。traversal()函数的功能是遍历一个目录，它通过 os 模块的 walk()函数实现。

程序运行时，首先使用 os. path 模块中的 exists()函数，判断用户输入的字符串是否属于一个有效的路径。如果路径有效，提供复制、删除、移动和文件信息 4 个选项。其中，复制功能是通过 shutil 模块的 copy()函数和 copytree()函数实现的；删除功能是通过 os 模块的 remove()函数和 shutil 模块的 rmtree()函数实现的；移动功能是通过 shutil 模块的 move()函数实现的；文件信息使用自定义的 showPro()函数和 traversal()函数实现。其代码如下所示：

案例 8-2 文件系统基本操作。

```
import os
import os.path
import time
import shutil

def showPro(path):
    state  = os.stat(path)
    info = '所在目录：'+ os.path.dirname(path) + '\n'
    info += '文件名：' + os.path.basename(path) + '\n'
    info += '文件大小：%d字节\n' % state.st_size
    info += '文件最后访问时间：' + time.strftime('%Y-%m-%d %H:%M:%S',time.
localtime(state.st_atime)) + '\n'
    info += '文件最后修改时间：' + time.strftime('%Y-%m-%d %H:%M:%S',time.
localtime(state.st_mtime)) + '\n'
    info += '文件最后创建时间：' + time.strftime('%Y-%m-%d %H:%M:%S',time.
localtime(state.st_ctime)) + '\n'
    print info

def traversal(path, fun):
    for path_t3 in os.walk(path):
        for path in path_t3[2]:
```

```
                   fun(os.path.join(path_t3[0], path))

while True:
    s = raw_input('请输入路径:')
    if os.path.exists(s):
        break
order = int(raw_input('请输入需要的操作号:\n1:复制\n2:删除\n3:移动\n4:文件信息\n'))
if order == 1:
    d = raw_input('请输入目标路径:')
    if os.path.isfile(s):
        shutil.copy(s,d)
    elif os.path.isdir(s):
        shutil.copytree(s,d)
elif order == 2:
    if os.path.isfile(s):
        os.remove(s)
    elif os.path.isdir(s):
        shutil.rmtree(s)
elif order == 3:
    d = raw_input('请输入目标路径:')
    shutil.move(s,d)
elif order == 4:
    if os.path.isfile(s):
        showPro(s)
    elif os.path.isdir(s):
        traversal(s,showPro)
else:
    print '无效命令'
```

习题 8

一、单项选择题

1. 想要在屏幕上输出字符串,应该使用的函数是( )。

    A. input()   B. raw_input()   C. read()   D. print()

2. 想要接收用户在屏幕上输入的一个变量,应该使用的函数是( )。

    A. input()   B. raw_input()   C. read()   D. print()

3. 想要接收用户在屏幕上输入的一个字符串,应该使用的函数是( )。

    A. input()   B. raw_input()   C. read()   D. print()

4. 下列函数中,( )函数可以打开一个文件。

    A. open()   B. raw_input()   C. input()   D. print()

5. 下列语句,可以打开一个只读文件的是( )。

    A. f=open('f:/text.txt')   B. f=open('f:/text.txt','w')

    C. f=open('f:/text.txt','a')'   D. f=open('f:/text.txt','w+')

6. 下列语句,可以在文件中追加新内容的是( )。

    A. f=open('f:/text.txt')   B. f=open('f:/text.txt','w')

C. f＝open('f:/text.txt','a')'   D. f＝open('f:/text.txt','w＋')

7. 在不考虑内存的前提下,下列语句可以将文件 f 中的内容一次全部读取的是( )。

    A. f.read(10000)   B. f.readline()

    C. f.readline(1000)   D. f.read()

8. 下列函数或方法中,( )函数可以获得文件指针所在的位置。

    A. open()   B. tell()   C. seek()   D. flush()

9. 下列函数或方法中,( )函数可以关闭一个已打开的文件。

    A. open()   B. close()   C. fileno()   D. flush()

10. 想要获得 f 对象的打开模式,可以使用( )属性。

    A. mode   B. encoding   C. name   D. closed

11. 想要获得一个文件的属性,可以使用( )。

    A. os 模块中的 stat()函数   B. os 模块中的 access()函数

    C. os.path 模块中的 join()函数   D. shutil 模块中的 copy()函数

12. 想要删除一个文件,可以使用( )。

    A. os 模块中的 stat()函数   B. os 模块中的 access()函数

    C. os 模块中的 unlink()函数   D. os 模块中的 rmdir()函数

13. 下列函数,不是 os 模块中的是( )。

    A. unlink()   B. stat()   C. rmdir()   D. isfile()

14. 想要判断一个文件是否是目录,可以使用( )。

    A. os 模块中的 isfile()函数   B. os 模块中的 isdir()函数

    C. os.path 模块中的 isfile()函数   D. os.path 模块中的 isdir()函数

15. 执行下列代码,从得到的结果来看,下面描述错误的是( )。

```
import os
for path in os.walk('f:/123'):
    print path
('f:/123', ['123'], ['1.txt'])
('f:/123\\123', [], ['1.txt', '2.txt', '3.txt'])
```

    A. f 盘的 123 文件夹下,有三个文件:1.txt、2.txt、3.txt

    B. f 盘的 123 文件夹下,有一个 123 子文件夹和一个 1.txt 文件

    C. f 盘的 123 文件夹下的 123 子文件夹下,有三个文件:1.txt、2.txt、3.txt

    D. f 盘的 123 文件夹下一共包含 4 个文件

二、多项选择题

1. 下列关于 Python 文件概念的描述,正确的是( )。

    A. 文件仅指文本文档

    B. 文件是一个抽象的概念,某些软硬件设备也属于文件

    C. file 对象代表一个文件

    D. 使用内建函数 open()可以打开一个文件

2. 在 Python 中,file 对象所代表的文件由( )组成。

    A. 文件内容   B. 缓冲区

      C.　一个指向文件某一个位置的指针　　　　D.　文件属性

3.　下列语句,可以读取文件的是(　　　)。

      A.　f＝open('f:/text.txt')　　　　　　　B.　f＝open('f:/text.txt','r')

      C.　f＝open('f:/text.txt','r＋')'　　　　D.　f＝open('f:/text.txt','w＋')

4.　在不考虑内存的前提下,下列语句可以将文件 f 中的内容一次全部读取的是(　　　)。

      A.　f.read(−1)　　　　　　　　　　　B.　f.readlines()

      C.　f.readlines(−1)　　　　　　　　　D.　f.read()

5.　下列模块,与文件操作相关的是(　　　)。

      A.　os 模块　　　　　B.　math 模块　　　　C.　os.path 模块　　　D.　shutil 模块

三、判断题

1.　内建函数 open()和 file()具有同样的功能。　　　　　　　　　　　(　　　)

2.　执行完 write()方法以后,所写内容定会立即显示在文件中。　　　　(　　　)

3.　由于 Python 会自动回收资源,所以没有必要关闭一个已打开的文件。　(　　　)

4.　os 模块中 unlink()函数和 remove()函数的功能是完全一样的。　　(　　　)

5.　shutil 模块中的 copy()函数可以复制文件或目录。　　　　　　　(　　　)

6.　os.path 模块是 os 模块下的一个子模块。　　　　　　　　　　　(　　　)

7.　想要对目录执行移动和复制操作,可以使用 shutil 模块。　　　　　(　　　)

8.　只需要获得目录中的文件名,不需要获得其子目录中的文件名,可以使用 os.listdir()。

                                                                       (　　　)

9.　使用 os 模块中的 walk()函数,获得目录内容时,会返回一个三元组序列。这个三元组代表的含义是[文件名,文件夹名字,文件夹路径]。　　　　　　　　　　　(　　　)

10.　在 Python 中,某些软硬件设备也属于文件。　　　　　　　　　(　　　)

第 9 章
科学计算与数据分析

如果说强大的标准库奠定了 Python 发展的基石,丰富的第三方库则是 Python 不断发展的保证。Python 社区提供了大量的第三方模块,使用方式与标准库类似。它们的功能覆盖科学计算、Web 开发、数据库接口、图形系统多个领域。本章将对数据处理库 Numpy 和数据分析库 Pandas 进行介绍。

9.1　数据处理库 Numpy

Numpy(Numerical Python 的简称)是高性能科学计算和数据分析的基础包,是 Python 中许多高级工具的构建基础。Numpy 提供了以下两种基本的对象。

ndarray:英文全称为 n-dimensional array object,它是存储单一数据类型的多维数组。

ufunc:英文全称为 universal function object,它是一种能够对数组进行处理的特殊函数。

本节采用以下方式导入 Numpy 函数库:

```
>>> import numpy as np
```

9.1.1　ndarray 对象

Numpy 最重要的一个特点就是其 n 维数组对象(即 ndarray),该对象是一个快速而灵活的大数据集容器。它是整个库的核心对象,Numpy 中所有的函数都是围绕 ndarray 对象进行处理的。ndarray 的结构并不复杂,但是功能却十分强大,不但可以用它高效地存储大量的数值元素,从而提高数组计算的运算速度,还能用它与各种扩展库进行数据交换。利用这种数组对整块数据执行一些数学运算,其语法跟标量元素之间的运算一样。

1. 创建 ndarray

创建数组最简单的办法就是使用 array()函数,它接受一切序列型的对象(包括其他数组),然后产生一个新的含有传入数据的 Numpy 数组,下面是一个列表的转换的例子。

例 9-1　创建 ndarray 对象操作示例。

```
>>> a1 = [1.0, 2, 3.5, 4, 5.]
>>> b1 = np.array(a1)
>>> b1
```

```
array([ 1. ,  2. ,  3.5,  4. ,  5. ])
```

嵌套序列,比如由一组等长列表组成的列表,将会被转换为一个多维数组:

```
>>> a2 = [[1, 2, 3, 4],[5, 6, 7, 8]]
>>> b2 = np.array(a2)
>>> b2
array([[1, 2, 3, 4],
       [5, 6, 7, 8]])
>>> b2.ndim
2
>>> b2.shape
(2, 4)
```

除了 np.array 之外,还有一些函数也可以新建数组,例如,zeros 和 ones 分别可以创建指定长度或形状的全 0 或全 1 数组,要用这些方法创建多维数组,只需传入一个表示形状的元组即可:

```
>>> np.zeros(6)
array([ 0.,  0.,  0.,  0.,  0.,  0.])
>>> np.ones((3,4))
array([[ 1.,  1.,  1.,  1.],
       [ 1.,  1.,  1.,  1.],
       [ 1.,  1.,  1.,  1.]])
>>> np.empty((2,3,3))
Out[31]:
array([[[  6.39749901e-308,   6.39760936e-308,   1.37961913e-306],
        [  4.45039387e-308,   9.79101760e-307,   8.90070287e-308],
        [  4.45019016e-308,   1.11261502e-306,   1.44633111e-307]],

       [[  1.39076453e-308,   1.78011205e-306,   6.39751599e-308],
        [  6.39758389e-308,   1.78021527e-306,   4.45019016e-308],
        [  1.11261706e-306,   1.44633111e-307,   2.96342369e+296]]])
```

注意,认为 np.empty 会返回全 0 数组的想法是不正确的,很多情况下,它返回的都是一些未初始化的垃圾值。

arange 是 Python 内置函数 range()的数组版:

```
>>> np.arange(10)
array([0, 1, 2, 3, 4, 5, 6, 7, 8, 9])
```

由于 Numpy 关注的是数值计算,因此,如果没有特别指定,数据类型基本都是浮点数。

2. 元素类型

数组的元素类型可以通过 dtype 属性获得,它是一个特殊的对象,含有 ndarray 将一块内存解释为特定数据类型所需的信息:

```
>>> arr1 = np.array([1, 2, 3], dtype = np.float64)
>>> arr2 = np.array([1, 2, 3], dtype = np.int32)
>>> arr1.dtype
```

```
dtype('float64')
>>> arr2.dtype
dtype('int32')
```

在需要指定 dtype 参数时，也可以传递一个字符串来表示元素的数值类型，Numpy 中的每个数值类型都有几种字符串表示方式，字符串和类型之间的对应关系都存储在 typeDict 字典中。

读者记不住这些 Numpy 的 dtype 也没关系，通常只需知道所处理的数据的大致类型是浮点数、复数、整数、布尔值、字符串，还是普通的 Python 对象即可，当需要控制数据在内存和磁盘中的存储方式时，尤其是对大数据集，此时必须了解如何控制存储类型。

表 9-1　Numpy 的数值类型

类　　型	类型代码	说　　明
int8、uint8	i1、u1	有符号和无符号的 8 位(1 个字节)整型
int16、uint16	i2、u2	有符号和无符号的 16 位(2 个字节)整型
int32、uint32	i4、u4	有符号和无符号的 32 位(4 个字节)整型
int64、uint64	i8、u8	有符号和无符号的 64 位(8 个字节)整型
float16	f2	半精度浮点数
float32	f4 或 f	标准的单精度浮点数
float64	f8 或 d	标准的双精度浮点数
float128	f16 或 g	扩展精度浮点数
complex64、complex128、complex256	c8、c16 c32	分别用两个 32 位、64 位或 128 位浮点数表示的复数
bool	?	存储 True 和 False 值的布尔类型
object	O	Python 对象类型
string_	S	固定长度的字符串类型(每个字符 1 个字节)。例如，要创建一个长度为 10 的字符串，应使用 s10
unicode_	U	固定长度的 unicode 类型(字节数由平台决定)，与字符串的方定义方式一样

另外值得注意的是，Numpy 的数值对象的运算速度比 python 的内置类型的运算速度慢很多，如果程序中需要大量地对单个数值运算，应当尽量避免使用 Numpy 数值对象。

我们可以通过 ndarray 的 astype 方法显式地转换 dtype。

例 9-2　将浮点数数组 t1 转换为 32 位整数数组，将双精度的复数数组 t2 转换成单精度的复数数组。

```
>>> t1 = np.array([1, 2, 3, 4], dtype = np.float)
>>> t2 = np.array([1, 2, 3, 4], dtype = np.complex)
>>> t3 = t1.astype(np.int32)
>>> t4 = t2.astype(np.complex64)
>>> t1
array([ 1.,  2.,  3.,  4.])
>>> t2
array([ 1. + 0.j,  2. + 0.j,  3. + 0.j,  4. + 0.j])
>>> t3
array([1, 2, 3, 4])
>>> t4
```

```
array([ 1. + 0.j,  2. + 0.j,  3. + 0.j,  4. + 0.j], dtype = complex64)
```

在本例中,整数被转换成了浮点数,如果将浮点数转换成整数,则小数部分将会被截断:

```
>>> arr = np.array([2.4, -1.6, 0.5, 8.2, -2.0])
>>> arr
array([ 2.4, -1.6,  0.5,  8.2, -2. ])
>>> arr.astype(np.int32)
array([ 2, -1,  0,  8, -2])
```

3. 自动生成数组

前面的例子都是先创建一个 Python 的序列对象,然后通过 array()将其转换为数组,这样做效率不高,因此,Numpy 提供了很多专门用于创建数组的函数,下面的每个函数都有一些关键字参数,具体用法请查看函数说明。

arange()类似于内置函数 range(),通过指定开始值、终值和步长来创建表示等差数列的一维数组,注意,所得到的结果中不包含终值。

例 9-3　创建开始值为 0、终值为 1、步长为 0.1 的等差数组。

```
>>> np.arange(0, 1, 0.1)
array([ 0. ,  0.1,  0.2,  0.3,  0.4,  0.5,  0.6,  0.7,  0.8,  0.9])
```

linspace()通过指定开始值、终值和元素个数来创建表示等差数列的一维数组,可以通过 endpoint 参数指定是否包含终值,默认值为 True,即包含终值,endpoint 的值会改变数组的等差步长。

例 9-4　endpoint 分别为 True 和 False 时的操作示例。

```
>>> np.linspace(0, 1, 10)
array([ 0. , 0.11111111, 0.22222222, 0.33333333, 0.44444444,
        0.55555556, 0.66666667, 0.77777778, 0.88888889, 1. ])
>>> np.linspace(0, 1, 10, endpoint = False)
array([ 0. ,  0.1,  0.2,  0.3,  0.4,  0.5,  0.6,  0.7,  0.8,  0.9])
```

logspace()和 linspace()类似,不过它所创建的数组是等比数列。

例 9-5　等比数列操作示例。

```
>>> np.logspace(0, 2, 5)    # 产生从 10^0 到 10^2、有 5 个元素的等比序列
array([1. ,   3.16227766, 10. ,   31.6227766 ,  100. ])
>>> np.logspace(0, 1, 10, base = 2, endpoint = False)
# 基数可以通过 base 参数指定,其默认值为 10
array([ 1.        , 1.07177346, 1.14869835, 1.23114441, 1.31950791,
        1.41421356, 1.51571657, 1.62450479, 1.74110113, 1.86606598])
```

4. 数组和标量之间的运算

数组无须编写循环即可对数据执行批量运算,这通常就叫做矢量化。大小相等的数组之间的任何算术运算都会将运算应用到元素级。

例 9-6　数组和标量之间的运算操作示例。

```
>>> arr = np.array([[1., 2., 3.],[4., 5., 6.]])
```

```
>>> arr
array([[ 1.,   2.,   3.],
       [ 4.,   5.,   6.]])
>>> arr * arr
Out[54]:
array([[ 1.,   4.,   9.],
       [ 16.,  25.,  36.]])
>>> arr * * 0.5
array([[ 1.  ,  1.41421356,  1.73205081],
       [ 2.  ,  2.23606798,  2.44948974]])
```

5. 存取元素

可以使用与列表相同的方式对数组的元素进行存取，一维数组与 Python 列表的功能差不多：

```
>>> arr = np.arange(5)
>>> arr
array([0, 1, 2, 3, 4])
>>> arr[3]
3
>>> arr[2:4] = 5
>>> arr
array([0, 1, 5, 5, 4])
```

对于高维度数组，能做的事情更多，在一个二维数组中，各索引位置上的元素不再是标量，而是一维数组：

```
>>> arr2d = np.array([[1, 2, 3], [4, 5, 6], [7, 8, 9]])
>>> arr2d                        >>> arr2d[2]
array([[1, 2, 3],                array([7, 8, 9])
       [4, 5, 6],                >>> arr2d[0][2]
       [7, 8, 9]])               3
                                 >>> arr2d[0, 2]
                                 3
```

在多维数组中，如果省略了后面的索引，则返回对象是一个维度低一点的 ndarray，例如，在 $2 \times 2 \times 3$ 组数 arr3d 中：

```
>>> arr3d = np.array([[[1, 2, 3],[4, 5, 6]],[[7, 8, 9],[10, 11, 12]]])
>>> arr3d                        >>> arr3d[0]
array([[[1,  2,  3],             array([[1, 2, 3],
        [4,  5,  6]],                   [4, 5, 6]])
       [[7,  8,  9],
        [10, 11, 12]]])
```

标量值和数组都可以赋值给 arr3d[0]：

```
>>> old_values = arr3d[0].copy()
>>> arr3d[0]                     >>> arr3d[0] = old_values
array([[1, 2, 3],                >>> arr3d
       [4, 5, 6]])               array([[[ 1,  2,  3],
```

```
>>> arr3d[0] = 100                        [ 4,  5,  6]],
>>> arr3d                                 [[ 7,  8,  9],
array([[[100, 100, 100],                   [10, 11, 12]]])
        [100, 100, 100]],
        [[  7,   8,   9],
        [ 10,  11,  12]]])
```

6. 多维数组

多维数组的存取和一维数组类似，因为多维数组有多个轴，所以它的下标需要用多个值来表示，Numpy 采用元组作为数组的下标，元组中的每个元素和数组的每个轴对应，图 9-1 显示了一个 shape 为(6,6)的数组 a，图中用不同线形标出各个下标所对应的选择区域。

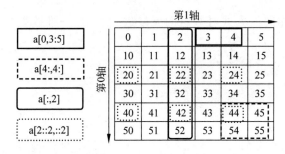

图 9-1　使用数组切片访问多维数组中的元素

图 9-1 中的下标都是有两个元素的元组，其中的第 0 个元素与数组的第 0 轴(纵轴)对应，而第 1 个元素与数组的第 1 轴(横轴)对应。

例 9-7　多维数组切片运算操作示例。

```
>>> a = np.arange(0, 60, 10).reshape(-1, 1) + np.arange(0, 6)    #改变数组形状
>>> a
array([[ 0,  1,  2,  3,  4,  5],          >>> a[4:, 4:]
       [10, 11, 12, 13, 14, 15],          array([[44, 45],
       [20, 21, 22, 23, 24, 25],                 [54, 55]])
       [30, 31, 32, 33, 34, 35],          >>> a[:, 2]
       [40, 41, 42, 43, 44, 45],          array([ 2, 12, 22, 32, 42, 52])
       [50, 51, 52, 53, 54, 55]])         >>> a[2::2, ::2]
>>> a[0, 3:5]                             array([[20, 22, 24],
array([3, 4])                                   [40, 42, 44]])
```

9.1.2　ufunc 对象

通用函数 ufunc(universal function)是一种对 ndarray 中的数据执行元素级运算的函数。Numpy 内置的许多 ufunc()函数都是用 C 语言实现的，因此它们的计算速度非常快。

1. 四则运算

Numpy 提供了许多 ufunc()函数，例如计算两个数组之和的 add()函数：

```
>>> a = np.arange(0, 4)
>>> a
array([0, 1, 2, 3])
```

```
>>> b = np.arange(1, 5)
>>> b
array([1, 2, 3, 4])
>>> np.add(a, b)
array([1, 3, 5, 7])
```

add()返回一个数组,它的每个元素都是两个参数数组的对应元素之和,如果没有指定 out 参数,那么它将创建一个新的数组来保存计算结果。如果指定了第三个参数 out,则不产生新的数组,而直接将结果保存进指定的数组。

```
>>> np.add(a, b, a)
>>> a
array([1, 3, 5, 7])
```

Numpy 为数组定义了各种数学运算操作符,因此计算两个数相加可以简单理解为 a+b,而 np.add(a+b)则可以用 a+=b 来表示,表 9-2 列出了数组的运算符以及与之对应的 ufunc()函数,注意除号的意义根据是否激活__future__. division 有所不同。

表 9-2　数组的运算符以及与之对应的 ufunc()函数

表 达 式	对应的 ufunc()函数
y=x1+x2	add(x1,x2[,y])
y=x1-x2	subtract(x1,x2[,y])
y=x1 * x2	multiply(x1,x2[,y])
y=x1/x2	divide(x1,x2[,y]),如果两个数的元素为整数,那么用整数除法
y=x1/x2	true_divide(x1,x2[,y]),总是返回精确的商
y=x1//x2	floor_divide(x1,x2[,y]),总是对返回值取整
y=-x	negative(x[,y])
y=x1 ** x2	Power(x1,x2[,y])
y=x1％x2	Remainder(x1,x2[,y]),mod(x1,x2[,y])

2. 比较运算和布尔运算

使用==、>比较运算符对两个数组进行比较,将返回一个布尔数组,它的每个元素值都是两个数组对应元素的比较结果,例如:

```
>>> np.array([1, 2, 3]) < np.array([3, 2, 1])
array([ True, False, False], dtype = bool)
```

每个比较运算符也与一个 ufunc()函数对应,表 9-3 是比较运算符与 ufunc()函数的对照表。

表 9-3　比较运算符与对应的 ufunc()函数

表 达 式	对应的 ufunc()函数
y=x1==x2	equal(x1,x2[,y])
y=x1!=x2	not_equal(x1,x2[,y])
y=x1<x2	less(x1,x2[,y])
y=x1<=x2	less_equal(x1,x2[,y]),如果两个数的元素为整数,那么用整数除法
y=x1>x2	greater(x1,x2[,y]),总是返回精确的商
y=x1>=x2	greater_equal(x1,x2[,y]),总是对返回值取整

由于 Python 中的布尔运算使用 and、or 和 not 等关键字，它们无法被重载，因此数组的布尔运算只能通过相应的 ufunci() 函数进行。这些函数名都以 logical_ 开头，例如：

```
>>> np.logical_    ♯按 Tab 键进行自动补全
np.logical_and  np.logical_not  np.logical_or  np.logical_xor
```

例 9-8　使用 logical_or() 进行"或运算"操作示例。

```
>>> a = np.arange(5)
>>> a
array([0, 1, 2, 3, 4])
>>> b = np.arange(4, -1, -1)
>>> b
array([4, 3, 2, 1, 0])
>>> a == b
array([False, False,  True, False, False], dtype = bool)
>>> a > b
array([False, False, False, True, True], dtype = bool)
>>> np.logical_or(a == b, a > b)  ♯ 和 a >= b 相同
array([False, False, True, True, True], dtype = bool)
```

9.1.3　庞大的函数库

除了前面介绍的 ndarray 数组对象和 ufunc() 函数之外，Numpy 还提供了大量对数组进行处理的函数，充分利用这些函数能够简化程序的逻辑，提高运算速度。

1. 随机数

随机数函数如表 9-4 所示。

表 9-4　随机数函数

函　数　名	功　　能	函　数　名	功　　能
rand()	0～1 的随机数	randn()	标准正态分布的随机数
randint()	指定范围内的随机整数	normal()	正态分布
uniform()	均匀分布	poisson()	泊松分布
permutation()	随机排列	shuffle()	随机打乱顺序
choice()	随机抽取样本	seed()	设置随机数种子

Numpy.random 模块中提供了大量的随机数相关的函数，为了方便后面用随机数测试各种运算函数，首先来学习如何产生随机数。

rand()：产生 0～1 的随机浮点数，它的所有参数用于指定所产生的数组的形状。

randn()：产生标准正态分布的随机数，参数的含义与 rand() 相同。

randint()：产生指定范围的随机函数，包括起始值，但是不包括终值。

例 9-9　产生 0～9 的随机数操作示例。

```
>>> from numpy import random as nr
>>> r1 = nr.rand(4, 3)
>>> r2 = nr.randn(4, 3)
```

```
>>> r3 = nr.randint(0, 10, (4, 3))
>>> r1
array([[ 4.28e-02,  6.31e-01,  8.17e-01],
       [ 5.70e-02,  3.75e-01,  7.75e-01],
       [ 1.82e-01,  6.41e-01,  6.95e-01],
       [ 1.71e-01,  1.24e-01,  7.91e-05]])
>>> r2
array([[-0.43,  1.36, -0.25],
       [-1.61, -2.4 , -0.04],
       [ 0.45, -0.53, -0.21],
       [ 0.36,  1.07, -2.14]])
>>> r3
array([[2, 6, 2],
       [8, 5, 7],
       [9, 3, 6],
       [0, 2, 5]])
```

random 提供了许多产生符合特定随机分布的随机数的函数,它们的最后一个参数 size,都用于指定输出数组的形状,而其他参数都是分布函数的参数。例如:

normal():正态分布,前两个参数分别为期望值和标准差。

uniform():均匀分布,前两个参数分别为区间的起始值和终值。

poisson():泊松分布,第一个参数指定 λ 系数,它表示单位时间内随机事件的平均发生率,由于泊松分布是一个离散分布,因此它输出的数组是一个整数数组。

例 9-10　符合特定随机分布的随机数函数操作示例。

```
>>> r1 = nr.normal(100, 10, (4, 3))
>>> r2 = nr.uniform(10, 20, (4, 3))
>>> r3 = nr.poisson(2.0, (4, 3))
>>> r1
array([[ 90.93,   99.15,   82.33],
       [106.85,   89.53,   83.77],
       [ 92.05,   91.01,   97.88],
       [103.42,   84.95,   99.42]])
>>> r2
array([[ 12.64,  11.35,  14.4 ],
       [ 17.65,  17.14,  10.49],
       [ 19.35,  18.16,  12.93],
       [ 17.7 ,  13.48,  12.45]])
>>> r3
array([[2, 4, 2],
       [2, 3, 1],
       [3, 3, 1],
       [2, 2, 3]])
```

permutation()可以用于产生一个乱序数组,当参数为整数 n 时,它返回[0,n)这 n 个整数的随机排列;当参数为一个序列时,它返回一个随机排列之后的序列:

```
>>> a = np.array([1, 10, 20, 30, 40])
>>> nr.permutation(10)
array([8, 9, 7, 2, 0, 3, 6, 1, 4, 5])
```

```
>>> nr.permutation(a)
array([30, 1, 20, 10, 40])
```

permutation()返回一个新数组,而 shuffle()则直接将参数数组的顺序打乱:

```
>>> nr.shuffle(a)
>>> a
array([40, 1, 20, 10, 30])
```

choice()从指定的样本中随机进行抽取,参数包括:

size:用于指定输出数组的形状。

replace:为 True 时进行可重复抽取,而为 False 时进行不重复抽取,默认值为 True。

p:指定每个元素对应的抽取概率,如果不指定,所有的元素被抽取到的概率相同。

例 9-11 choice()函数操作示例。

```
>>> a = np.arange(10, 25, dtype = float)
>>> b1 = nr.choice(a, size = (4, 3))
>>> b2 = nr.choice(a, size = (4, 3), replace = False)
>>> b3 = nr.choice(a, size = (4, 3), p = a / np.sum(a))
>>> b1
array([[ 13.,   17.,   15.],
       [ 15.,   15.,   21.],
       [ 19.,   22.,   11.],
       [ 17.,   18.,   19.]])
>>> b2
array([[ 22.,   12.,   19.],
       [ 10.,   13.,   21.],
       [ 14.,   24.,   11.],
       [ 16.,   20.,   18.]])
>>> b3
array([[ 24.,   16.,   21.],
       [ 14.,   21.,   11.],
       [ 13.,   12.,   20.],
       [ 17.,   24.,   12.]])
```

为了保证每次运行时能呈现相同的随机数,可以通过 seed()函数指定随机数的种子。

例 9-12 seed()函数操作示例。

```
>>> r1 = nr.randint(0, 10, 3)          >>> r1
>>> r2 = nr.randint(0, 10, 3)          array([2, 6, 7])
>>> nr.seed(42)                        >>> r2
>>> r3 = nr.randint(0, 10, 3)          array([4, 3, 7])
>>> nr.seed(42)                        >>> r3
>>> r4 = nr.randint(0, 10, 3)          array([6, 3, 7])
                                       >>> r4
                                       array([6, 3, 7])
```

2. 求和、平均值、方差

求和、平均值、方差等函数如表 9-5 所示。

表 9-5 求和、平均值、方差等函数

函 数 名	功 能	函 数 名	功 能
sum( )	求和	mean( )	求期望
average( )	加权平均数	std( )	标准差
var( )	方差	product( )	连乘积

sum( )计算数组元素之和,也可以对列表、元组等与数组类似的序列进行求和,当数组是多维时,它计算数组中所有元素的和,参数包括:

dim:用于沿着指定的轴进行求和运算。

dtype:为 float 时,得到的结果是浮点数组,能避免整数的整除运算。

keepdims:为 True 时能够和原始数组保持相同的维数。

例 9-13 sum( )函数操作示例。

```
>>> np.random.seed(42)
>>> a = np.random.randint(0, 10, size = (4, 5))
>>> a
array([[6, 3, 7, 4, 6],
       [9, 2, 6, 7, 4],
       [3, 7, 7, 2, 5],
       [4, 1, 7, 5, 1]])
>>> np.sum(a)
96
```

在上面的例子中,数组 a 的第 0 轴的长度为 4,第 1 轴的长度为 5,如果 axis 参数为 1,则对每行上的 5 个数求和,所得的结果是长度为 4 的一维数组,如果 axis 参数为 0,则对每列上的 4 个数求和,结果是长度为 5 的一维数组,即结果数组的形状是原始数组的形状除去其第 axis 个元素:

```
>>> np.sum(a, axis = 1)
array([26, 28, 24, 18])
>>> np.sum(a, axis = 0)
array([22, 13, 27, 18, 16])
```

mean( )求数组的平均值,它的参数与 sum( )相同。与 sum( )不同的是,对于整数数组它使用双精度浮点数进行计算,而对于其他类型的数组,则使用与数组元素类型相同的累加变量进行计算:

```
>>> a = np.random.randint(0, 10, size = (4, 5))
>>> np.mean(a, axis = 1)
array([ 5.2, 4. , 4.4, 4.4])
>>> b = np.full(10, 1.1, dtype = np.float32)
>>> b
array([ 1.1, 1.1, 1.1, 1.1, 1.1, 1.1, 1.1, 1.1, 1.1, 1.1], dtype = float32)
>>> np.mean(b)
1.1000001
>>> np.mean(b, dtype = np.double)
1.1000000238418579
```

此外,average()也可以对数组进行平均计算,weights参数指定每个元素的权重,可以用于计算加权平均数。

例 9-14　有三个班级,number()数组中保存每个班级的人数,score数组中保存每个班级的平均分,下面计算所有班级的加权平均分,得到整个年级的平均分。

```
>>> score = np.array([83, 76, 79])
>>> number = np.array([20, 17, 24])
>>> np.average(score, weights = number)
79.47540983606558
```

相当于进行如下计算:

```
>>> np.sum(score * number)/np.sum(number, dtype = float)
79.47540983606558
```

std()和var()分别计算数组的标准差和方差。

product()和sum()用法类似,用于计算数组所有元素的乘积。

```
>>> a = np.random.randint(0, 10, size = (4, 5))
>>> a
array([[8, 1, 9, 8, 9],
       [4, 1, 3, 6, 7],
       [2, 0, 3, 1, 7],
       [3, 1, 5, 5, 9]])
>>> np.std(a)
3.0232432915661951
>>> np.var(a)
9.140000000000006
>>> np.product(a)
0
```

3. 大小和排序

大小和排序函数如表 9-6 所示。

表 9-6　大小和排序函数

函　数　名	功　　能	函　数　名	功　　能
min()	最小值	sort()	数组排序
argmin()	最小值的下标	argsort()	计算数组排序的下标
max()	最大值	median()	中位数
argmax()	最大值的下标		

用 min()和 max()可以计算数组的最小值和最大值,它们都有 axis、out、keepdims 等参数。这些参数的用法与 sum()基本相同,但是 axis 参数不支持序列。

```
>>> a = np.array([1, 3, 5, 7])
>>> b = np.array([2, 4, 6])
>>> np.max(a)
7
```

```
>>> np.argmax(a)
3
>>> np.min(b)
2
>>> np.argmin(b)
0
```

上例中,用 argmax() 和 argmin() 可以求最大值和最小值的下标。

数组的 sort() 方法对数组进行排序,它会改变数组的内容,而 sort() 函数则返回一个新数组,不改变原始数组。

```
>>> a = np.random.randint(0, 10, size = (4, 5))
>>> a
array([[3, 5, 1, 9, 1],
       [9, 3, 7, 6, 8],
       [7, 4, 1, 4, 7],
       [9, 8, 8, 0, 8]])
>>> np.sort(a)
array([[1, 1, 3, 5, 9],
       [3, 6, 7, 8, 9],
       [1, 4, 4, 7, 7],
       [0, 8, 8, 8, 9]])
>>> np.sort(a, axis = 0)
array([[3, 3, 1, 0, 1],
       [7, 4, 1, 4, 7],
       [9, 5, 7, 6, 8],
       [9, 8, 8, 9, 8]])
```

用 median() 可以获得数组的中值,即对数组进行排序之后,位于数组中间位置的值,当长度是偶数时,则得到正中间两个数的平均值。

```
>>> a = np.random.randint(0, 10, size = (4, 4))
>>> a
array([[6, 8, 7, 0],
       [7, 7, 2, 0],
       [7, 2, 2, 0],
       [4, 9, 6, 9]])
>>> np.sort(a)
array([[0, 6, 7, 8],
       [0, 2, 7, 7],
       [0, 2, 2, 7],
       [4, 6, 9, 9]])
>>> np.median(a, axis = 1)
array([ 6.5, 4.5, 2., 7.5])
```

4. 统计函数

统计函数如表 9-7 所示。

表 9-7　统计函数

函　数　名	功　　能
unique()	去除重复元素
bincount()	对整数数组的元素计数

　　unique()返回其参数数组中所有不同的值,并且按照从小到大的顺序排列,它有两个可选参数。

　　return_index:True 表示同时返回原始数组中的下标。

　　return_inverse:True 表示返回重建原始数组用的下标数组。

　　例 9-15　unique()函数操作示例。

```
>>> np.random.seed(42)
>>> a = np.random.randint(0, 5, 10)
>>> a
array([2, 2, 4, 3, 2, 4, 1, 3, 1, 3])
>>> np.unique(a)
array([1, 2, 3, 4])
```

　　如果参数 return_index 为 True,则返回两个数组,第二个数组是第一个数组在原始数组中的下标,例如:

```
>>> b, index = np.unique(a, return_index = True)
>>> b
array([1, 2, 3, 4])
>>> index
array([6, 0, 3, 2], dtype = int64)
>>> a[index]
array([1, 2, 3, 4])
```

　　如果参数 return_inverse 为 True,则返回的第二个数组是原始数组 a 的每个元素在数组中 b 的下标,例如:

```
>>> b, rindex = np.unique(a, return_inverse = True)
>>> b
array([1, 2, 3, 4])
>>> rindex
array([1, 1, 3, 2, 1, 3, 0, 2, 0, 2], dtype = int64)
>>> a[rindex]
array([2, 2, 3, 4, 2, 3, 2, 4, 2, 4])
```

　　bincount()对整数数组中各个元素所出现的次数进行统计,它要求数组中的所有元素都是非负的,其返回数组中第 i 个元素的值表示整数 i 出现的次数。

```
>>> a = np.random.randint(0, 5, 10)
>>> a
array([4, 0, 3, 1, 4, 3, 0, 0, 2, 2])
>>> np.bincount(a)
array([3, 1, 2, 2, 2], dtype = int64)
```

由上面的结果可知，在数组 a 中有 3 个 0、1 个 1、2 个 2、2 个 3 和 2 个 4。

9.2　数据分析库 Pandas

Numpy 虽然提供了方便的数据处理能力，但是缺少数据处理分析以及所需的许多快捷工具，Pandas 基于 Numpy 开发，提供了众多更高级的数据处理能力，Pandas 的帮助文档十分全面，因此本节主要介绍 Pandas 等一些基本概念和帮助文档中说明不够详细的部分。

Series 和 DataFrame 是 Pandas 中最常用的两个对象。

9.2.1　Series 对象

Series 是 Pandas 中最基本的对象，它定义了 Numpy 的 ndarray 对象的接口 __array__()，因此可以用 Numpy 的数组处理函数直接对 Series 对象进行处理，Series 对象除了支持使用位置作为下标存取元素之外，还可以使用索引标签作为下标存取元素，这个功能与字典类似，每个 Series 对象实际上都由两个数组成。

(1) index：它是从 ndarray 数组继承的 Index 索引对象，保存标签信息。若创建 Series 对象时不指定 index，将自动创建一个表示位置下标的索引。

(2) values：保存元素值的 ndarray 数组，Numpy 的函数都对此数字进行处理。

例 9-16　创建一个 Series 对象操作示例。

```
>>> from pandas import Series, DataFrame
>>> import pandas as pd
>>> s = pd.Series([1, 2, 3, 4, 5], index = ["a", "b", "c", "d", "e"])
>>> print u" 索引:",s.index
  索引: Index([u'a', u'b', u'c', u'd', u'e'], dtype = 'object')
>>> print u" 值数组:",s.values
  值数组: [1 2 3 4 5]
>>> s
a    1
b    2
c    3
d    4
e    5
dtype: int64
```

Series 对象的下标运算同时支持位置和标签两种形式：

```
>>> print u"位置下标 s[2]:", s[2]
位置下标 s[2]: 3
>>> print u"位置下标 s['c']:", s['c']
位置下标 s['c']: 3
```

Series 对象还支持位置切片和标签切片，位置切片遵循 Python 的切片规则，包括起始位置，但不包括结束位置；但标签切片则同时包括起始标签和结束标签。

```
>>> s[1:3]
```

```
b    2
c    3
dtype: int64
>>> s['b':'d']
b    2
c    3
d    4
dtype: int64
```

与 ndarray 一样,还可以使用位置列表或位置数组存取元素,同样也可以使用标签列表和标签数组。

```
>>> s[[1, 3, 2]]
b    2
d    4
c    3
dtype: int64
>>> s[['b', 'd', 'c']]
b    2
d    4
c    3
dtype: int64
```

Series 对象同时具有数组和字典的功能,因此它也支持字典的一些方法,例如 Series.iteritems():

```
>>> list(s.iteritems())
[('a', 1), ('b', 2), ('c', 3), ('d', 4), ('e', 5)]
```

当两个 Series 对象进行操作符运算时,Pandas 会按照标签对齐元素,也就是说,运算操作符会对标签相同的两个元素进行计算,在下面的例子中,s 中标签为"b"的元素和 t 中标签为"b"的元素相加得到结果中的 22。当某一方的标签不存在时,默认 NaN(Not a Number)填充。由于 NaN 是浮点数中的一个特殊值,因此输出的 Series 对象的元素类型被转换为 float64。

```
>>> import pandas as pd
>>> s = pd.Series([1, 2, 3, 4, 5], index = ["a", "b", "c", "d", "e"])
>>> t = pd.Series([10, 20, 30, 40, 50], index = ["a", "b", "c", "d", "e"])
>>> s                                    dtype: int64
a    1                                   >>> s + t
b    2                                   a    11
c    3                                   b    22
d    4                                   c    33
e    5                                   d    44
dtype: int64                             e    55
>>> t                                    dtype: int64
a    10
b    20
c    30
d    40
e    50
```

9.2.2　DataFrame 对象

DataFrame 是一个表格型的数据结构，它含有一组有序的列，每一个列可以是不同的值类型（数值、字符串、布尔值等）。DataFrame 既有行索引也有列索引，它可以被看作由 Series 组成的字典（共用同一个索引）。与其他类似的数据结构相比，DataFrame 面向行和面向列的操作基本上是平衡的，其次，DataFrame 中的数据是以一个或多个二维块存放的，而不是列表、字典或别的一维数组结构。构建 DataFrame 的办法有很多，最常用的一种是直接传入一个由等长列表或 Numpy 数组组成的字典：

```
>>> from pandas import Series, DataFrame
>>> data = {'year':[1, 2, 3, 4, 5, 6, 7, 8, 9, 10],'height':[74.0, 86.3,96.8, 108.2, 112.5,
115.7, 124.4, 128.6, 134.7, 134.6],'weight':[9.8, 12.0, 14.6, 15.2, 15.8, 16.8, 19.2, 22.0,
25.6, 27.8]}
>>> data
{'height': [74.0, 86.3, 96.8, 108.2, 112.5, 115.7, 124.4, 128.6, 134.7, 134.6],
 'weight': [9.8, 12.0, 14.6, 15.2, 15.8, 16.8, 19.2, 22.0, 25.6, 27.8],
 'year': [1, 2, 3, 4, 5, 6, 7, 8, 9, 10]}
>>> frame = DataFrame(data)
>>> frame
    height   weight   year
0    74.0      9.8      1
1    86.3     12.0      2
2    96.8     14.6      3
3   108.2     15.2      4
4   112.5     15.8      5
5   115.7     16.8      6
6   124.4     19.2      7
7   128.6     22.0      8
8   134.7     25.6      9
9   134.6     27.8     10
```

结果 DataFrame 会自动加上索引，与 Series 一样，而且全部列会被有序排列。

如果指定了列序列，则 DataFrame 的列就会按照指定顺序进行排列：

```
>>> DataFrame(data, columns = ['year','weight','height'])
    year   weight   height
0    1       9.8     74.0
1    2      12.0     86.3
2    3      14.6     96.8
3    4      15.2    108.2
4    5      15.8    112.5
5    6      16.8    115.7
6    7      19.2    124.4
7    8      22.0    128.6
8    9      25.6    134.7
9   10      27.8    134.6
```

与 Series 一样，如果传入的列在数据中找不到，就会产生 NA 值：

```
>>> frame2 = DataFrame(data, columns = ['year','weight','height','evaluation'], index = ['one',
'two','three','four','five','six','seven','eight','nine','ten'])
>>> frame2
        year    weight    height    evaluation
one      1       9.8       74.0        NaN
two      2      12.0       86.3        NaN
three    3      14.6       96.8        NaN
four     4      15.2      108.2        NaN
five     5      15.8      112.5        NaN
six      6      16.8      115.7        NaN
seven    7      19.2      124.4        NaN
eight    8      22.0      128.6        NaN
nine     9      25.6      134.7        NaN
ten     10      27.8      134.6        NaN
```

通过类似字典标记的方法或属性的方式，可以将 DataFrame 的列获取为一个 Series：

```
>>> frame2.year                          >>> frame['height']
one      1                               0      74.0
two      2                               1      86.3
three    3                               2      96.8
four     4                               3     108.2
five     5                               4     112.5
six      6                               5     115.7
seven    7                               6     124.4
eight    8                               7     128.6
nine     9                               8     134.7
ten     10                               9     134.6
Name: year, dtype: int64               Name: height, dtype: float64
```

注意，返回的 Series 拥有原 DataFrame 相同的索引，且其 name 属性也已经被相应地设置好了，行也可以通过位置或名称的方式进行获取，比如用索引字段 ix：

```
>>> frame2.ix['three']
year            3
weight       14.6
height       96.8
evaluation    NaN
Name: three, dtype: object
```

列可以通过赋值的方式进行修改，例如，我们可以给那个空的 evaluation 列赋上一个标量值或一组值：

```
>>> frame2['evaluation'] = 'normal'
>>> frame2
        year    weight    height    evaluation
one      1       9.8       74.0       normal
two      2      12.0       86.3       normal
three    3      14.6       96.8       normal
four     4      15.2      108.2       normal
five     5      15.8      112.5       normal
six      6      16.8      115.7       normal
```

```
seven        7      19.2      124.4      normal
eight        8      22.0      128.6      normal
nine         9      25.6      134.7      normal
ten         10      27.8      134.6      normal
>>> import numpy as np
>>> frame2['evaluation'] = np.arange(10,)
>>> frame2
         year   weight    height   evaluation
one        1      9.8      74.0        0
two        2     12.0      86.3        1
three      3     14.6      96.8        2
four       4     15.2     108.2        3
five       5     15.8     112.5        4
six        6     16.8     115.7        5
seven      7     19.2     124.4        6
eight      8     22.0     128.6        7
nine       9     25.6     134.7        8
ten       10     27.8     134.6        9
```

将列表或数组赋值给某个列时,其长度必须跟 DataFrame 的长度相匹配,如果赋值的是一个 Series,就会精确匹配 DataFrame 的索引,所有的空位都将被填上缺失值:

```
>>> val = Series(['normal','normal','normal'],index = ['one','three','five'])
>>> frame2['evaluation'] = val
>>> frame2
         year   weight    height   evaluation
one        1      9.8      74.0      normal
two        2     12.0      86.3      NaN
three      3     14.6      96.8      normal
four       4     15.2     108.2      NaN
five       5     15.8     112.5      normal
six        6     16.8     115.7      NaN
seven      7     19.2     124.4      NaN
eight      8     22.0     128.6      NaN
nine       9     25.6     134.7      NaN
ten       10     27.8     134.6      NaN
```

为不存在的列赋值则会创建出一个新列,关键字 del 用于删除列:

```
>>> frame2['checked'] = frame2.height > = 100.0
>>> frame2
         year   weight    height   evaluation   checked
one        1      9.8      74.0      normal      False
two        2     12.0      86.3      NaN         False
three      3     14.6      96.8      normal      False
four       4     15.2     108.2      NaN         True
five       5     15.8     112.5      normal      True
six        6     16.8     115.7      NaN         True
seven      7     19.2     124.4      NaN         True
eight      8     22.0     128.6      NaN         True
nine       9     25.6     134.7      NaN         True
ten       10     27.8     134.6      NaN         True
```

```
>>> del frame2['checked']
>>> frame2
       year    weight    height    evaluation
one      1       9.8      74.0      normal
two      2      12.0      86.3      NaN
three    3      14.6      96.8      normal
four     4      15.2     108.2      NaN
five     5      15.8     112.5      normal
six      6      16.8     115.7      NaN
seven    7      19.2     124.4      NaN
eight    8      22.0     128.6      NaN
nine     9      25.6     134.7      NaN
ten     10      27.8     134.6      NaN
```

9.2.3　基本功能

首先根据字典创建一个 DataFrame,命名为 frame1,如下:

```
>>> import numpy as np
>>> import pandas as pd
>>> from pandas import Series,DataFrame
>>> data1 = {'省份':['北京','上海','天津','江苏','浙江','辽宁'],
        '年份':[2017,2017,2015,2016,2017,2015],
        '总人口':[2115,2415,1007,7985,6012,5215],
        '高考人数':[6.06,5.2,6.21,36.88,36.15,28.2]
        }
>>> frame1 = DataFrame(data1)
>>> frame1
      年份     总人口     省份     高考人数
0    2017     2115      北京      6.06
1    2017     2415      上海      5.20
2    2015     1007      天津      6.21
3    2016     7985      江苏     36.88
4    2017     6012      浙江     36.15
5    2015     5215      辽宁     28.20
```

1. 重新索引

Pandas 对象的一个重要方法是 reindex,其作用是创建一个适应新索引的新对象,调用该 Series 的 reindex 将会根据新索引进行重排,如果某个索引值当前不存在,就引入缺失值:

```
>>> frame2 = frame1.reindex([0,1,4,3,2,5,6])
>>> frame2
      年份       总人口     省份     高考人数
0    2017.0     2115.0    北京      6.06
1    2017.0     2415.0    上海      5.20
4    2017.0     6012.0    浙江     36.15
3    2016.0     7985.0    江苏     36.88
2    2015.0     1007.0    天津      6.21
```

5	2015.0	5215.0	辽宁	28.20
6	NaN	NaN	NaN	NaN

2．删除指定值

丢弃某个轴上的一个或多个项很简单，只要有一个索引数组或列表即可。由于需要执行一些数据整理和集合逻辑，所以 drop 方法返回的是一个在指定轴上删除了指定值的新对象：

```
>>> frame2.drop(6)
      年份      总人口     省份    高考人数
0    2017.0   2115.0   北京    6.06
1    2017.0   2415.0   上海    5.20
4    2017.0   6012.0   浙江   36.15
3    2016.0   7985.0   江苏   36.88
2    2015.0   1007.0   天津    6.21
5    2015.0   5215.0   辽宁   28.20
```

对于 DataFrame，可以删除任意轴上的索引值：

```
>>> data2 = DataFrame(np.arange(16).reshape(4,4), index = ['apple','banana','orange','pear'],
columns = ['one','two','three','four'])
>>> data2
        one   two   three   four
apple    0     1      2      3
banana   4     5      6      7
orange   8     9     10     11
pear    12    13     14     15
>>> data2.drop('apple',axis = 0)
        one   two   three   four
banana   4     5      6      7
orange   8     9     10     11
pear    12    13     14     15
```

3．数据选择和过滤

Series 索引（obj[…]）的工作方式类似于 Numpy 数组的索引，只不过 Series 的索引值不只是整数。

```
>>> obj = Series(np.arange(4.),index = ['a','b','c','d'])
>>> obj
a    0.0
b    1.0
c    2.0
d    3.0
>>> obj[1]
1.0
>>> obj[1:]
b    1.0
c    2.0
d    3.0
dtype: float64
>>> obj[1:3]
b    1.0
c    2.0
dtype: float64
dtype: float64
>>> obj['b']
1.0
>>> obj[['a','c']]
a    0.0
c    2.0
```

```
dtype: float64                          dtype: float64
>>> obj[2:4]                            >>> obj[obj < 2]
c    2.0                                a    0.0
d    3.0                                b    1.0
>>> obj[[1,3]]                          dtype: float64
b    1.0
d    3.0
```

利用标签的切片运算与普通的 Python 切片运算不同,是包含其末端的,对其重新赋值也是比较简单的。

```
>>> obj['b':'c']                        >>> obj
b    1.0                                a    0.0
c    2.0                                b    5.0
dtype: float64                          c    5.0
>>> obj['b':'c'] = 5                    d    3.0
                                        dtype: float64
```

为了在 DataFrame 上进行标签索引,引入了专门的索引字段 ix,可以通过 NumPy 式的标记法以及轴标签从 DataFrame 中选取行和列的子集。

```
>>> data2 = DataFrame(np.arange(16).reshape(4,4), index = ['apple','banana','orange','pear'],
columns = ['one','two','three','four'])
>>> data2
          one   two   three   four
apple      0     1      2      3
banana     4     5      6      7
orange     8     9     10     11
pear      12    13     14     15

>>> data2.ix['apple',['one','three']]
one        0
three      2
Name: apple, dtype: int32
>>> data2.ix[['apple','pear'],[3,1,2]]
          four   two   three
apple      3      1      2
pear      15     13     14

>>> data2.ix[data2.two > 5,:3]
          one   two   three
orange     8     9     10
pear      12    13     14
```

4. 排序

根据条件对数据集排序是一种重要的运算。要对行或列索引进行排序(按字典顺序),可使用 sort_index 方法,它将返回一个已排序的新对象:

```
>>> obj = Series(np.arange(4.), index = ['a','b','c','d'])
>>> obj.sort_index()
```

```
a      0.0
b      1.0
c      2.0
d      3.0
dtype: float64
```

而对于 DataFrame,则可以根据任意一个轴上的索引进行排序:

```
>>> frame = DataFrame(np.arange(8).reshape((2,4)),index = ['three','one'],columns = ['d','a','b','c'])
>>> frame.sort_index()
       d  a  b  c
one    4  5  6  7
three  0  1  2  3
```

数据默认是按照升序排序的,若要降序排序:

```
>>> frame.sort_index(axis = 1,ascending = False)
       d  c  b  a
three  0  3  2  1
one    4  7  6  5
```

若要按值对 Series 进行排序,可使用 order()方法:

```
>>> obj = Series([4,7, - 1,2])
>>> obj.order()
2    - 1
3      2
0      4
1      7
dtype: int64
```

在排序时,任何缺失值默认都会被放到 Series 的末尾:

```
>>> obj = Series([4,np.nan,7,np.nan, - 1,2])
>>> obj.order()
4    - 1.0
5      2.0
0      4.0
2      7.0
1      NaN
3      NaN
dtype: float64
```

在 DataFrame 上,我们可能希望根据一个或多个列中的值进行排序。将一个或多个列的名字传递给 by 选项即可达到该目的:

```
>>> frame = DataFrame({'b':[4,7, - 1,2],'a':[0,1,0,1]})
>>> frame                          >>> frame.sort_index(by = 'b')
   a   b                              a   b
0  0   4                           2  0   - 1
1  1   7                           3  1   2
2  0   - 1                         0  0   4
3  1   2                           1  1   7
```

要根据多个列进行排序,传入名称的列表即可:

```
>>> frame.sort_index(by = ['a','b'])
   a   b
2  0  -1
0  0   4
3  1   2
1  1   7
```

排名(rangking)跟排序关系密切,且它会增加一个排名值(从 1 开始,一直到数组中有效数据的数量)。它跟 numpy.argsort 产生的间接排序索引差不多,只不过它可以根据某种规则破坏平级关系。默认情况下,rank 是通过"为各组分配一个平均排名"的方式破坏平级关系的:

```
>>> obj = Series([5, -3,5,4,2,0,3])
>>> obj.rank()
0    6.5
1    1.0
2    6.5
3    5.0
4    3.0
5    2.0
6    4.0
dtype: float64
```

根据数据值在原始数据中出现的顺序给出排名:

```
>>> obj.rank(method = 'first')
0    6.0
1    1.0
2    7.0
3    5.0
4    3.0
5    2.0
6    4.0
dtype: float64
```

按降序进行排名:

```
>>> obj.rank(ascending = False,method = 'max')
0    2.0
1    7.0
2    2.0
3    3.0
4    5.0
5    6.0
6    4.0
dtype: float64
```

表 9-8 列出了所有用于破坏平级关系的 method 选项,DataFrame 可以在行或列上计算

排名：

```
>>> frame = DataFrame({'b':[4.3,7,-1,2],'a':[0,1,0,1],'c':[-1,3,6,-1.5]})
>>> frame
   a    b    c
0  0  4.3  -1.0
1  1  7.0   3.0
2  0 -1.0   6.0
3  1  2.0  -1.5
>>> frame.rank(axis=1)
   a  b  c
0  2  3  1
1  1  3  2
2  2  1  3
3  2  3  1
```

表 9-8　排名时用于破坏平级关系的 method 选项

method	说　　明
'average'	默认：在相等分组中，为各个值分配平均排名
'min'	使用整个分组的最小排名
'max'	使用整个分组的最大排名
'first'	按值在原始数据中的出现顺序分配排名

5. 处理缺失值

缺失数据在大部分数据分析应用中都很常见，Pandas 的设计目标之一就是让缺失数据的处理任务尽量轻松，例如 Pandas 对象上的所有描述统计都排除了缺失数据，Pandas 使用浮点值 NaN，表示浮点和非浮点数组中的缺失数据，它只是一个便于被检测出来的标记而已：

```
>>> data = Series(['a','b',np.nan,'d','e'])
>>> data
0      a
1      b
2    NaN
3      d
4      e
dtype: object
```

Python 内置的 None 值也会被当做 NA 处理。

```
>>> data.isnull()
0    False
1    False
2     True
3    False
4    False
dtype: bool
```

```
>>> data[0] = None
data.isnull()
0     True
1    False
2     True
3    False
4    False
dtype: bool
```

过滤掉缺失数据的办法有很多种。对于一个 Series，dropna 返回一个仅含有非空数据和索引值的 Series：

```
>>> from numpy import nan as NA
>>> data = Series([1,NA,3.5,NA,8])
>>> data.dropna()
0    1.0
2    3.5
4    8.0
dtype: float64
>>> data[data.notnull()]
0    1.0
2    3.5
4    8.0
dtype: float64
```

对于 DataFrame 对象，dropna 默认丢弃任何含有缺失值的行：

```
>>> data = DataFrame([[1.,6.5,3.],[1.,NA,NA],[NA,NA,NA],[NA,3.5,2.]])
>>> cleaned = data.dropna()
>>> data                          >>> cleaned
     0    1    2                        0    1    2
0  1.0  6.5  3.0                   0  1.0  6.5  3.0
1  1.0  NaN  NaN
2  NaN  NaN  NaN
3  NaN  3.5  2.0
```

传入 how = 'all' 将丢弃全为 NA 的那些行：

```
>>> data.dropna(how = 'all')
     0    1    2
0  1.0  6.5  3.0
1  1.0  NaN  NaN
3  NaN  3.5  2.0
```

若要丢弃列，只需传入 axis = 1 即可：

```
>>> data[4] = NA
>>> data                              >>> data.dropna(axis = 1, how = 'all')
     0    1    2    4                       0    1    2
0  1.0  6.5  3.0  NaN                  0  1.0  6.5  3.0
1  1.0  NaN  NaN  NaN                  1  1.0  NaN  NaN
2  NaN  NaN  NaN  NaN                  2  NaN  NaN  NaN
3  NaN  3.5  2.0  NaN                  3  NaN  3.5  2.0
```

若要填补数据中的缺失值，大多数情况下都可以采用 fillna 方法，通过一个常数，调用 fillna 就会将缺失值替换为那个常数值：

```
>>> data.fillna(0)
     0    1    2    4
0  1.0  6.5  3.0  0.0
1  1.0  0.0  0.0  0.0
```

```
2   0.0   0.0   0.0   0.0
3   0.0   3.5   2.0   0.0
```

若是通过一个字典调用 fillna,就可以实现对不同的列填充不同的值:

```
>>> data.fillna({1:0.5,3:-1})
      0     1     2     4
0   1.0   6.5   3.0   NaN
1   1.0   0.5   NaN   NaN
2   NaN   0.5   NaN   NaN
3   NaN   3.5   2.0   NaN
```

还可以传入 Series 的平均值进行填充:

```
>>> data.fillna(data.mean())
      0     1     2     4
0   1.0   6.5   3.0   NaN
1   1.0   5.0   2.5   NaN
2   1.0   5.0   2.5   NaN
3   1.0   3.5   2.0   NaN
```

6. 计算和统计

Pandas 对象拥有一组常用的数学和统计方法,它们大部分都属于约简和汇总统计,用于从 Series 中提取单个值(如 sum 或 mean),或从 DataFrame 的行或列中提取一个 Series,跟对应的 Numpy 数组方法相比,它们都是基于没有缺失数据的假设而构建的。

```
>>> data = DataFrame({'b':[4.3,7,-1,2],'a':[0,1,0,1],'c':[-1,3,6,-1.5]})
>>> data
     a     b      c
0    0    4.3   -1.0
1    1    7.0    3.0
2    0   -1.0    6.0
3    1    2.0   -1.5
```

调用 DataFrame 的 sum()方法将会返回一个含有行小计的 Series:

```
>>> data.sum()
a     2.0
b    12.3
c     6.5
dtype: float64
```

axis=1 将会按列进行求和计算:

```
>>> data.sum(axis=1)
0     3.3
1    11.0
2     5.0
3     1.5
dtype: float64
```

NA 值会自动被排除,通过 skipna 选项可以禁用该功能:

```
>>> data.mean(axis = 1, skipna = False)
0    1.100000
1    3.666667
2    1.666667
3    0.500000
dtype: float64
```

表 9-9 列出了约减方法的常用选项。

表 9-9　约减方法的常用选项

选　项	说　明
axis	约减的轴。DataFrame 的行用 0，列用 1
skipna	排除缺失值，默认值为 True
level	如果轴是层次化索引的，则根据 level 分组约减

idmax()和 idmin()返回的是间接统计：

```
>>> data.idxmax()
a    1
b    1
c    2
dtype: int64
```

describe()用于一次性产生多个汇总统计：

```
>>> data.describe()
           a          b          c
count   4.00000   4.000000   4.000000
mean    0.50000   3.075000   1.625000
std     0.57735   3.399387   3.544362
min     0.00000  -1.000000  -1.500000
25 %    0.00000   1.250000  -1.125000
50 %    0.50000   3.150000   1.000000
75 %    1.00000   4.975000   3.750000
max     1.00000   7.000000   6.000000
```

第 **10** 章

上机实验

实验 1　开始 Python 编程

【实验目的】

（1）了解 Python 语言的基本语法和编码规范。

（2）了解 Python 语言的数据类型运算符，常量、变量表达式等基础知识。

（3）学习使用 Python 常用语句。

（4）学习给程序标注注释。

【实验内容及步骤】

求矩形面积，并输出。本实验主要包含以下内容：

（1）练习使用变量和运算符。

（2）练习使用常用语句。

（3）练习给程序标注注释。

（4）利用 input 输入。

（5）利用 print 输出。

Python 程序书写简单，从第一行开始执行，到最后一行结束，语句之间用 Enter 键分隔，即每行为一个单独语句。程序中用"♯"标识"注释"，所有的注释都是不执行的。程序中若无特殊说明包括需要输出的字符串在内都应该是 ASCII 码的英文，但随着各种语言使用的增多，若在程序中使用"♯coding：utf-8"标记，那么自该行以后，程序中可以出现 UTF-8 编码的字符，例如中文。程序代码如图 10-1 所示。

```
1 # -*- coding: utf-8 -*-
2 """
3 @author: lch
4 ex1_1.py
5 """
6 #程序代码中所有非中文的部分必须都用英文（西文）输入法输入，包括#以及()
7
8 print "本程序计算矩形的面积"
9 a = 0      #a是个整数型
10 b = 0
11 area = 0.0 #area是浮点型
12 a = input("please input a -> ")    #利用input函数做输入
13 b = input("please input b -> ")
14 area = 1.0 * a * b
15 print "面积是   " + str(area)        #函数str也可以把数字变成字符串
```

图 10-1　ex1_1 代码

程序运行结果如下：

```
本程序计算矩形的面积
please input a -> 3
please input b -> 4
area is 12.0
```

第 8 行，利用 print 输出一个字符串，Python 的字符串写在双引号中。

第 9～11 行分别定义 3 个变量：a、b 和 area。Python 与大多数其他语言一样，变量需要先定义再使用，但是它没有显式的变量声明形式，而是以赋初值的形式完成声明的工作，这种做法虽然不同寻常，但是避免了无初值变量的产生。

第 12 行和第 13 行利用 input()函数做输入，Python 的输入可以带一个文本提示，并会自动识别需要的数据类型，而不需要进行数据类型的限定和转换。

第 14 行是一个不同数据类型的混合计算过程，要注意数据类型，若只计算 a * b，则计算会将小数部分省略，而计算规则规定不同类型混合计算时简单类型会转为复杂类型，所以在 a * b 之前乘 1.0 从而得到浮点型的结果。

第 15 行演示了数字与字符串的转换和输出，可以使用 str()函数便捷地将数字转换成字符串，而字符串则可利用"＋"号直接连接。

实验 2　Python 函数基础

【实验目的】

(1) 了解函数的概念。

(2) 学习定义和调用函数的方法。

(3) 学习局部变量与全部变量。

(4) 学习使用函数的参数和返回值。

(5) 学习使用 Python 内置函数。

【实验内容及步骤】

使用函数求矩形面积并输出。本实验主要包含以下内容：

(1) 练习定义和调用函数。

(2) 练习使用局部变量和全部变量

(3) 练习使用函数的参数和返回值。

(4) 练习使用 Python 内置函数。

Python 语言的函数分为：用户自定义函数、系统内置函数和 Python 标准库（模块中定义的）函数。系统内置函数是用户可直接使用的函数，如 abs()函数、eval()函数、int()函数等。Python 标准库中的函数，要导入相应的标准库，才能使用其中的函数，如 math 库中的 sqrt()函数、cos()函数等，必须导入 math 库才能使用。用户自定义函数是用户自己定义的函数，只有定义了这个函数，用户才能调用。

程序代码如图 10-2 所示。

```
 1 # -*- coding: utf-8 -*-
 2 """
 3 @author: lch
 4 ex2_1.py
 5 """
 6
 7 def calcu_rect(x, y):
 8     print "now in function"
 9     return 1.0 * x * y
10
11 print "本程序计算矩形的面积"
12 a = 0      #a是个整数型
13 b = 0
14 area = 0.0 #area是浮点型
15 a = input("please input a -> ")    #利用input函数做输入
16 b = input("please input b -> ")
17 area = calcu_rect(a, b)
18 print "面积是   " + str(area)       #函数str也可以把数字变成字符串
```

图 10-2　ex2_1 代码

程序运行结果如下：

本程序计算矩形的面积
please input a –> 5
please input b –> 6
now in function
面积是　30.0

1. 函数的定义和调用

上面的程序，把第 7～9 行的函数定义放到 19 行之后就会出现错误。

第 7 行，用 def 关键字定义了一个函数，名字叫 calcu_rect，这种形式就是函数的定义，calcu_rect() 函数的参数是 n，然后使用缩进的方法标志函数的范围，calcu_rect() 函数只有两条语句，这两条语句的缩进（句首空格数）相同，而从第 11 行开始就不是 calcu_rect() 函数的范围了。Python 利用排版的缩进格式表达语句的归属范围，第 8 行和第 9 行的缩进格式表明，这两句隶属于第 7 行定义的函数。

第 8 行 calcu_rect() 函数的功能，首先通过打印信息提示程序现在运行的位置。

第 9 行 return 也是一个 Python 语法关键字，顾名思义，函数将在此返回（到调用位置），并带回一个值，即 1.0 * x * y。也就是说，calcu_rect() 函数传入参数 n；并返回按公式 1.0 * x * y 计算所得到的值。

第 11 行取消了函数 calcu_rect() 的缩进，表示回到程序主框架的范畴，到第 15 行、第 16 行，输入了 a 和 b。

第 17 行，像数学中调用函数一样，程序将 a 和 b 当作参数调用了 calcu_rect() 函数，然后程序加载 calcu_rect() 函数并运行，直至运行到 calcu_rect() 函数的 return 语句，再回到函数被调用的位置，可以看到第 17 行利用一个赋值将 calcu_rect() 函数的值给了 area，然后在第 18 行打印。

另外，在实际应用中，经常将函数作成一个工具包，可以方便地被其他程序重复使用，即把函数打包。

2. import 导入机制

（1）新建文件，将图 10-3 中的代码存储为文件 ex2_2_1.py。

```
1  # -*- coding: utf-8 -*-
2  """
3  @author: lch
4  ex2_2_1.py
5  """
6
7  def calcu_rect(x, y):
8      print "now in function"
9      return 1.0 * x * y
```

图 10-3　ex2_2_1 代码

（2）新建文件，将图 10-4 中的代码存储为文件 ex2_2_2.py。

```
1  # -*- coding: utf-8 -*-
2  """
3  @author: lch
4  ex2_2_2.py
5  """
6  from ex2_2_1 import  *
7
8  print "本程序计算矩形的面积"
9  a = 0      #a是个整数型
10 b = 0
11 area = 0.0 #area是浮点型
12 a = input("please input a -> ")      #利用input函数做输入
13 b = input("please input b -> ")
14 area = calcu_rect(a, b)
15 print "面积是    " + str(area)        #函数str也可以把数字变成字符串
```

图 10-4　ex2_2_2 代码

"from ex2_2_1 import ＊"语句的含义是从"ex2_2_1"中导入所有函数，于是，在 ex2_2_2 中可以使用 calcu_rect()函数了。

注意：使用 from 引用文件模块不要带文件名的扩展名".py"。

这样所有函数都可以被新程序复用了。

实验3　程序结构控制

【实验目的】

（1）学习利用 if 语句确定程序流程。

（2）学习利用 while 进行循环。

（3）学习利用 for 遍历集合。

（4）学习声明和使用列表。

【实验内容及步骤】

连续输出多个不同图形的参数，求每个图形的面积。本实验主要包含以下内容：

（1）练习利用 if 语句确定程序流程。

（2）练习利用 while 进行循环。

（3）练习利用 for 遍历集合。

（4）练习声明和使用列表。

1. 定义面积计算函数

定义文档 ex3_1_1.py，连续定义多个函数，可以计算的图形包括矩形、圆形和三角形。代码如图 10-5 所示。

```
 6 def cal_rectangle():
 7     print "矩形"
 8     a=0    #简单起见，定义两条边为整型
 9     b=0
10     s=0.0
11     a=input("输入矩形边长a:")
12     b=input("输入矩形边长b:")
13     s=a*b
14     print '面积是: '+'s'
15     #lst_shape.append(['矩形:','a'+,'+'b',s])
16 def cal_triangle():
17     print "三角形"
18     a=0    ##简单起见，定义三条边为整型
19     b=0
20     c=0
21     s=0.0
22     a=input("输入三角形边长a:")
23     b=input("输入三角形边长b:")
24     c=input("输入三角形边长c:")
25     if a+b>c and b+c>a and c+a>b:
26         #利用"任意两边的和大于第三边"判断输入的三条边是否能构成三角形
27         p=(a+b+c)/2
28         s=(p*(p-a)*(p-b)*(p-c))**0.5
29         print '面积是: '+'s'
30         #lst_shape.append(['三角形:','a'+,'+'b'+,'+'c',s])
31     else:
32         print '输入参数错误'
33 def cal_circle():
34     print "圆形"
35     r=0    #简单起见，半径为整型
36     s=0.0
37     r=input("输入半径r:")
38     s=3.14*r*r
39     print '面积是: '+'s'
40     #lst_shape.append(['圆形:','r',s])
41 def list_all(lst_shape):
42     print "列表"
43     for l in lst_shape:
44         print l
45 def quit_pro():
46     print "退出"
```

图 10-5　ex3_1_1 代码

2. 分支、循环和列表的使用

定义文档 ex3_1_2.py，输入如图 10-6 所示的代码。

```
 1 # -*- coding: utf-8 -*-
 2 """
 3 @author: lch
 4 ex3_1_2.py
 5 """
 6 from ex3_1_1 import *
 7
 8 lst_shape=[]    #定义一个列表来存储图形的参数和面积
 9 choice=-1
10 menustr="\n"
11 menustr+="\n1:输入矩形参数并计算面积"
12 menustr+="\n2:输入三角形参数并计算面积"
13 menustr+="\n3:输入圆形参数并计算面积"
14 menustr+="\n4:浏览输入"
15 menustr+="\n5:退出程序"
16
17 while choice != 0:
18     print menustr
19     choice=input("请选择菜单命令编号")
20     if choice == 1:
21         cal_rectangle()
22     elif choice ==2:
23         cal_triangle()
24     elif choice ==3:
25         cal_circle()
26     elif choice ==4:
27         list_all()
28     elif choice ==5:
29         quit_pro()
30         break
```

图 10-6　ex3_1_2 代码

观察代码，第 9 行定义一个变量 choice 表达对功能的选择，第 10～15 行利用了"＋＝"运算符定义了简单文字，其中的"\n"是转义字符表达"换行"，使每个菜单项都占据一个新

行,第 18 行输出整个菜单,然后在第 19 行读入用户的菜单选项。第 20～30 行利用一组 if …elif 判断用户的选择,调用相应的功能函数完成功能。

程序打印出一个界面,列出 5 个功能,然后输入所需要的功能编号,程序调用相应的函数。

程序运行结果如下:

```
1:输入矩形参数并计算面积
2:输入三角形参数并计算面积
3:输入圆形参数并计算面积
4:浏览输入
5:退出程序
请选择菜单命令编号 1
矩形
请输入矩形边长 a:3
请输入矩形边长 b:4
面积是:12.0
1:输入矩形参数并计算面积
2:输入三角形参数并计算面积
3:输入圆形参数并计算面积
4:浏览输入
5:退出程序
请选择菜单命令编号 2
三角形
请输入三角形边长 a:3
请输入三角形边长 b:4
请输入三角形边长 c:5
面积是:5.0
1:输入矩形参数并计算面积
2:输入三角形参数并计算面积
3:输入圆形参数并计算面积
4:浏览输入
5:退出程序
请选择菜单命令编号 3
圆形
请输入半径 r:2
面积是:12.56
1:输入矩形参数并计算面积
2:输入三角形参数并计算面积
3:输入圆形参数并计算面积
4:浏览输入
5:退出程序
请选择菜单命令编号
```

实验 4　Python 面向对象程序设计

【实验目的】

面向对象(Object Oriented Programming,OOP)编程是现今最流行的编程范式,它采用类和对象的思想使得代码具有重用性、灵活性和扩展性。实验 4 采用面向对象的编程范式设计了一个选课系统。该系统实现了新生注册、学生选课、学生查成绩、教师录入成绩和学生升级等功能。通过该实验,可以理解面向对象的编程思想,掌握类和对象的关系,掌握类的属性和方法的使用,掌握类之间的继承。

【实验内容及步骤】

1. 类之间的关系

系统设计了 6 个类:Person、Account、Student、Teacher、StudentNew 和 StudentOld,它们之间的关系如图 10-7 所示。

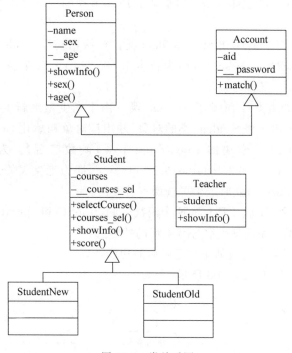

图 10-7 类关系图

2. 类的具体实现

类 Person(人):具有三个属性 name、__sex 和 __age。其中,__sex 和 __age 使用修饰符 @property 和 @setter 完成属性的访问。__sex 限制为男、女或 None,__age 限制为 0 到 200 的整数或 None。除了访问 __sex 和 __age 的方法外,还有一个 showInfo() 方法用于显示人物信息。

类 Account(账户):具有两个属性 aid 和 __password。其中,__password 使用修饰符 @property 和 @setter 完成属性的访问。__password 在设置时,经过了 MD5 加密,这样保存到 __password 中的密码不会以明文形式出现。为实现这一功能,使用了 hashlib 模块的 md5 类。除了访问 __password 的方法外,还有一个 match() 方法用于验证账号和密码是否匹配。

类 Student(学生类):多重继承了 Person 类和 Account 类。具有属性 courses 和 __courses_sel。其中,courses 是可选课程,初始化为一个集合;__courses_sel 是已选课程和成绩,初始化为一个字典,字典的 key 是课程名称、value 是分数,并使用修饰符@property 完成访问；基类 Person 的__age 属性被限制为 12~50。除了访问__courses_sel 的方法外,还具有三个方法：showInfo()、selectCourse()和 score()。其中,方法 showInfo()重载了 Person 类的 showInfo()方法用于显示个人信息和所选课分数；方法 selectCourse()用于选课,所选课程必须在可选课程 courses 中,并且不能是已选课程；方法 score()用于录入分数,为已选课程录入 0~100 之间的分数。

类 Teacher(教师类)：多重继承了 Person 类和 Account 类。具有属性 students。students 是所教的学生,初始化为一个字典,字典的 key 是学生账号、value 是 Student 类。具有方法 showInfo()。方法 showInfo()重载了 Person 类的 showInfo()方法用于显示个人信息和所教学生。

类 StudentNew(新生类)：继承了 Student 类。初始化基类 Student 类的 courses 属性为{'course1','course2','course3'},即为新生添加了三门可选课程：course1、course2 和 course3。

类 StudentOld(老生类)：继承了 Student 类。由于老生是由新生升级产生的,所以构造 StudentOld 时需传递一个 Student 类的对象,并用该对象初始化 StudentOld 类(类似于深度拷贝,也可以用 copy 模块的 copy.deepcopy()函数实现)。为基类 Student 类的 courses 属性添加了{'course4','course5','course6'},即为老生又添加了三门可选课程：course4、course4 和 course5,此时老生可选课程有 6 门。

除上述 6 个类以外,实验 4 还包含两个函数 operationS()和 operationT()。

operationS()函数：完成学生账号登录后的功能选择。

operationT()函数：完成教师账号登录后的功能选择。

选课系统业务流程图如图 10-8 所示。

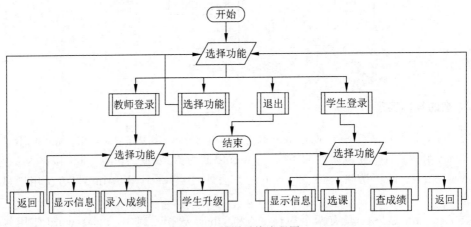

图 10-8　选课系统流程图

3. 源代码

实验 4 具体代码如下所示：

```
# -*- coding: gbk -*-
import hashlib
```

```python
import sys

class Person(object):
    """人类
    Attribute:
        name:姓名
        __sex: 性别,限制为男、女或 None
        __age:年龄,限制为 0~200 的整数或 None
    """
    def __init__(self, name, sex, age):
        self.name = name
        self.sex = sex
        self.age = age

    @property
    def sex(self):
        return self.__sex

    @sex.setter
    def sex(self,value):
        if value in {u'男',u'女'}:
            self.__sex = value
        else:
            self.__sex = None

    @property
    def age(self):
        return self.__age

    @age.setter
    def age(self,v):
        value = int(v)
        if value > 0 and value < 200:
            self.__age = value
        else:
            self.__age = None

    def showInfo(self):
        """显示个人信息"""
        print u'姓名：%s\n性别：%s\n年龄：%s' % (self.name,self.__sex,self.__age)

class Account(object):
    """账号类
    Attribute:
        aid:账号信息
        __password: 密码信息,经 MD5 加密
    """
    def __init__(self,aid,password):
        self.aid = aid
        self.password = password
```

```python
    @property
    def password(self):
        return self.__password

    @password.setter
    def password(self, value):
        m = hashlib.md5()
        m.update(value)
        self.__password = m.hexdigest()

    def match(self, aid, password):
        """验证账号和密码是否匹配
        Args:
            aid: 账号字符串
            password: 密码字符串
        Returns:
            匹配返回 True,否则返回 False
        """
        m = hashlib.md5()
        m.update(password)
        if aid == self.aid and m.hexdigest() == self.__password:
            return True
        else:
            return False


class Student(Person, Account):
    """学生类,继承自 Person 类和 Account 类
    Attribute:
        courses:可选课程,一个集合
        __courses_sel:已选课程,一个字典,key 为课程名,value 为成绩
    """
    def __init__(self, name, sex, age, sid, password):
        age = int(age)
        if age > 12 and age < 50:
            age_t = age
        else:
            age_t = None
        Person.__init__(self, name, sex, age_t)
        Account.__init__(self, sid, password)
        self.courses = set()
        self.__courses_sel = {}

    def selectCourse(self, courseName):
        """选课.所选课程必须为可选课程中的 courses,并且不能
            是已选课程.
        Args:
            courseName: 课程名称字符串,必须是 courses 中的项
        Returns:
            选课成功返回 True,否则返回 False
        """
        if courseName in self.courses:
```

```
        if courseName not in self.__courses_sel:
            self.__courses_sel[courseName] = 0
            return True
    return False


    @property
    def courses_sel(self):
        return self.__courses_sel


    def showInfo(self):
        """显示个人信息,重载 Person 类的 showInfo()方法"""
        Person.showInfo(self)
        print u'已选课程和分数:'
        for c,v in self.__courses_sel.items():
            print u'%s:%s 分'%(c,v)


    def score(self,courseName , sco):
        """录入分数.为已选课程录入 0~100 的分数.
        Args:
            courseName: 课程名称字符串,必须是__courses_sel 中的 key
            sco:0~100 之间的整数
        Returns:
            选课成功返回 True,否则返回 False
        """
        s = int(sco)
        if (courseName not in self.__courses_sel) and (s < 0 or s > 100):
            print u'无此课程或分数不合理'
            return False
        self.__courses_sel[courseName] = s
        return True


class Teacher(Person,Account):
    """教师类
    Attribute:
        students:所管理的学生,一个字典,key 为学生账号,value 一个 Student 类对象

    """
    def __init__(self, name, sex, age, cid, password):
        if age > 20 and age < 70:
            age_t = age
        else:
            age_t = None
        Person.__init__(self, name, sex, age_t)
        Account.__init__(self, cid, password)
        self.students = {}


    def showInfo(self):
        """显示个人信息,重载 Person 类的 showInfo()方法"""
        Person.showInfo(self)
        print u'负责如下学生:'
        for v in self.students.values():
```

```
            print v.showInfo()

class StudentNew(Student):
    """新生类,添加了三门课程"""
    def __init__(self, name, sex, age, sid, password):
        Student.__init__(self, name, sex, age, sid, password)
        self.courses.update({'course1', 'course2', 'course3'})


class StudentOld(Student):
    """老生类,由新生类升级得到"""
    def __init__(self, student):
        Student.__init__(self, student.name, student.sex, student.age, student.aid, '')
        self._Account__password = student.password
        self.courses.update(student.courses)
        self.courses.update({'course4', 'course5', 'course6'})
        self._Student__courses_sel.update(student.courses_sel)


def operationS(student):
    """学生子模块
    Args:
        student: 一个 Student 类对象
        Returns:
            无
    """
    while True:
        try:
            order = input(u'选择功能:\n1.显示信息\n2.选课\n3.查成绩\n4.退出\n')
        except:
            break
        if order == 1:
            student.showInfo()
        elif order == 2:
            print u'可选课程:'
            for c in student.courses:
                print c
            if student.selectCourse(raw_input(u'请输入选课名称:')):
                print u'选课成功!'
            else:
                print u'选课失败!'
        elif order == 3:
            student.showInfo()
        elif order == 4:
            break
        else:
            pass
        print raw_input(u'回车继续……')


def operationT(t):
    """教师子模块
    Args:
        t: 一个 Teacher 类对象
```

```
        Returns:
            无
    """
    while True:
        try:
            order = input(u'选择功能:\n1.显示信息\n2.录入成绩\n3.学生升级\n4.退出\n')
        except:
            break
        if order == 1:
            t.showInfo()
        elif order == 2:
            sid = raw_input(u'输入学生账号: ')
            course = raw_input(u'输入课程名: ')
            s = int(raw_input(u'输入分数: '))
            if sid in t.students:
                if t.students[sid].score(course,s):
                    print u'succeed ! '
                else:
                    print u'no succeed! '
            else:
                print u'学生不存在!'
        elif order == 3:
            sid = raw_input(u'请输入学生账号: ')
            if sid in t.students:
                t.students[sid] = StudentOld(t.students[sid])
            else:
                print u'学生不存在!'
        elif order == 4:
            break
        else:
            pass
        print raw_input(u"回车继续……")


if ( __name__ == "__main__"):
    teacher = Teacher(u'张行',u'男',46,u'1',u'1234')
    teacher.students[u'123'] = StudentNew(u'李伟',u'男',22,u'123',u'1')
    teacher.students[u'123'].selectCourse(u'course1')
    while True:
        try:
            order = input(u'选择功能:\n1.教师登录\n2.学生登录\n3.新生注册\n4.退出\n')
        except:
            break
        if order == 1:
            sid = raw_input(u'请输入账号: ').decode(sys.stdin.encoding)
            p = raw_input(u'请输入密码:').decode(sys.stdin.encoding)
            if teacher.match(sid,p):
                operationT(teacher)
            else:
                print u'密码错误'
        elif order == 2:
            sid = raw_input(u'请输入账号: ').decode(sys.stdin.encoding)
```

```
                    if sid in teacher.students:
                        p = raw_input(u'请输入密码:').decode(sys.stdin.encoding)
                        s = teacher.students[sid]
                        if s.match(sid,p):
                            operationS(s)
                        else:
                            print u'密码错误'
                    else:
                        print u'账号不存在'
                elif order == 3:
                    name = raw_input(u'请输入姓名：').decode(sys.stdin.encoding)
                    sex = raw_input(u'请输入性别：').decode(sys.stdin.encoding)
                    age = raw_input(u'请输入年龄：').decode(sys.stdin.encoding)
                    aid = raw_input(u'请输入账号：').decode(sys.stdin.encoding)
                    password = raw_input(u'请输入密码：').decode(sys.stdin.encoding)
                    if aid in teacher.students:
                        print u'账号已存在'
                    else:
                        teacher.students[aid] = StudentNew(name,sex,age,aid,password)
                        print u'账号创建成功!!!'
                elif order == 4:
                    break
                else:
                    pass
            print raw_input(u'回车继续……')
```

实验 5　Python 模块

【实验目的】

模块是程序逻辑结构的一种组织形式,Python 使用包和模块,实现代码的目录结构存储。实验 5 设计完成了一个单词学习系统。该系统实现了管理词表、词表和文件的相互转换、标记已掌握单词、测试等功能。通过该实验,可以理解 Python 程序的组织形式,掌握模块的定义和模块之间的相互引用。

【实验内容及步骤】

系统自定义了三个模块：vocabulary、question 和 main。

1. vocabulary 模块

vocabulary 模块用于创建和管理不同类型的词表。模块引入了内置的 copy 模块和 random 模块,前者用于深层拷贝,后者用于产生随机数。词表逻辑上是一张二维表,通常包含了单词、解释和掌握等字段。其中单词字段是必需的,其他字段可以任意添加。表 10-1 就是一个典型的词表。在 vocabulary 模块中,使用字典实现这样的词表。其中字典的 key 对应单词,value 是一个列表,对应其他字段。词表的字段名称保存在一个额外的列表中。

表 10-1　词表

单　　词	解　　释	掌　　握	等　　级
good	好,好的,优良的	N	1
apple	苹果	N	1
banana	香蕉	N	1
big	大	N	1

extractor 模块包含了两个类：Vocabulary 和 DefaultVocabulary，它们之间的关系如图 10-9 所示。

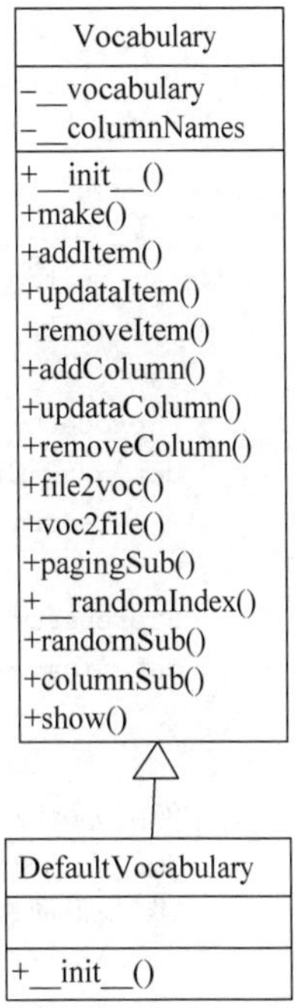

类 Vocabulary(词表类)：具有两个属性__vocabulary 和 __columnNames，两个属性均使用修饰符@property 完成属性的只读访问。除了访问属性的方法外，还具有 size()、make()、addItem()、updataItem()、removeItem()、addColumn()、updataColumn()、removeColumn()、file2voc()、voc2file()、pagingSub()、__randomIndex()、randomSub()、columnSub()和 show() 15 个方法。

size()方法，用于获得词表的单词个数。

make(vocabulary,columnNames)方法，直接使用词表字典和字段名称制作一个词表。常用于生成子词表，字典中的结构和字段名称要严格对应。

addItem(item)、updataItem(item)、removeItem(word)、addColumn(columnName,default)、updataColumn(columnName,value)和 removeColumn(columnName) 6 个方法用于词表项和字段的增、删和改操作。

file2voc(path)和 voc2file(path)两个方法，用于词表和文件的相互转换。词表文件中，不同词表项用换行符分隔，不同字段用空格分隔，单词的多个解释用逗号分隔，如下所示。

```
单词     解释
good     好,好的,优良的
apple    苹果
banana   香蕉
big      大
small    小
```

__randomIndex(n)方法是一个私有方法，用于生成 0 到词表单词数之间的不重复随机数列，在 pagingSub()方法中调用。

pagingSub(m=3,n=1)、randomSub(n)和 columnSub(columnName,value)三个方法用于生成子词表字典。它们分别是分页子词表字典、随机子词表字典和特定字段值子词表字典。

show(m)方法用于显示词表的前 m 个单词。

类 DefaultVocabulary(默认词表类)：继承自 Vocabulary 类，通过 words.txt 创建词表，并加入了"掌握"字段。

图 10-9　类关系图

Vocabulary
- __vocabulary
- __columnNames
+ __init__()
+make()
+addItem()
+updataItem()
+removeItem()
+addColumn()
+updataColumn()
+removeColumn()
+file2voc()
+voc2file()
+pagingSub()
+__randomIndex()
+randomSub()
+columnSub()
+show()

DefaultVocabulary

+__init__()

vocabulary 模块的代码如下所示:

```
# -*- coding: utf-8 -*-
import copy
import random


class Vocabulary(object):
    """词表类
    Attribute:
        __vocabulary:一个词表字典.key 为单词,value 为单词的相关信息,是一个列表
        __columnNames: 词表各个字段的名称,是一个列表
    """


    def __init__(self):
        self.__vocabulary = {}
        self.__columnNames = []


    @property
    def vocabulary(self):
        return self.__vocabulary


    @property
    def columnNames(self):
        return self.__columnNames


    @property
    def size(sclf):
    """获得词表的单词个数
        Args:
        Returns:
            返回词表的单词个数
        """
        return len(self.__vocabulary)


    def make(self, vocabulary, columnNames):
        """直接使用词表字典和字段名称制作一个词表
        Args:
            vocabulary: 词表字典
            columnNames; 字段名称
        Returns:
            制作成功返回真,否则返回假
        """
        if len(vocabulary.values()[0]) != (len(columnNames) - 1):
            return False
        else:
            self.__vocabulary.clear()
            self.__columnNames = []
            self.__vocabulary = vocabulary
            self.__columnNames = columnNames
            return True
```

```
def addItem(self,item):
    """向词表中添加一个新词
    Args:
        item: 新词
    Returns:
        添加成功返回真,否则返回假
    """
    if len(item) == len(self.__columnNames):
        self.__vocabulary[item[0]] = copy.deepcopy(item[1:])
        return True
    else:
        print u"数据不符合要求!"
        return False


def updataItem(self,item):
    """更新一个词表中的词
    Args:
        item: 新词
    Returns:
        更新成功返回真,否则返回假
    """
    return self.addItem(item)


def removeItem(self,word):
    """移除词表中的一个词
    Args:
        word: 移除词
    Returns:
        移除成功返回真,否则返回假
    """
    if word in self.__vocabulary:
        del self.__vocabulary[word]
        return True
    else:
        print u"词表中,没有该单词!"
        return False


def addColumn(self,columnName,default):
    if columnName not in self.__columnNames:
        self.__columnNames.append(columnName)
        for v in self.__vocabulary.values():
            v.append(default)
        return True
    else:
        print u"该字段已存在!"
        return False


def updataColumn(self, columnName, value):
    """更新词表中的一个字段
    Args:
        columnName: 字段名称
```

```
            value: 字段的默认值
        Returns:
            更新成功返回真,否则返回假
        """
        if columnName not in self.__columnNames:
            print "该字段不存在"
            return False
        i = self.__columnNames.index(columnName)
        for k in self.__vocabulary.keys():
            self.__vocabulary[k][i-1] = value
        return True

    def removeColumn(self,columnName):
        """移除词表中的一个字段
        Args:
            columnName: 字段名称
        Returns:
            移除成功返回真,则则返回假
        """
        if columnName in self.__columnNames:
            n = self.__columnNames.index(columnName)
            del self.__columnNames[n]
            for v in self.__vocabulary.values():
                del v[n]
            return True
        else:
            print u"该字段不存在!"
            return False

    def file2voc(self,path):
        """读取词表文件,生成词表
        Args:
            path: 文件路径
        Returns:
            生成成功返回真,否则返回假
        """
        vocabulary = {}
        f = open(path)
        line = f.readline().decode(u"UTF-8")[:-1]
        columnNames = line.split(u" ")
        line = f.readline()
        while line:
            line = line.decode(u"UTF-8")
            if line[len(line)-1] == u"\n":
                line = line[:-1]
            es = line.split(u" ")
            if len(es) == len(columnNames):
                vocabulary[es[0]] = es[1:]
            else:
                print es
                print u"无效的词表文件!"
```

```
            f.close()
            return False
        line = f.readline()
    self.__columnNames = copy.deepcopy(columnNames)
    self.__vocabulary = vocabulary
    f.close()
    return True


def voc2file(self,path):
    """保存词表到文件
    Args:
        path: 文件路径
    Returns:

    """
    out = ""
    for e in self.__columnNames:
        out += u"%s " % e
    if out[len(out)-1] == " ":
        out = out[:-1]
    out += u"\n"
    for k,vs in self.__vocabulary.items():
        out += "%s " % k
        for v in vs:
            out += "%s " % v
        if out[len(out)-1] == " ":
            out = out[:-1]
        out += "\n"
    if out[len(out)-1] == "\n":
        out = out[:-1]
    f = open(path,"w")
    f.write(out.encode(u"UTF-8"))
    f.close()


def pagingSub(self, m = 3, n = 1):
    """生成分页子词表字典
    Args:
        m: 每页单词个数
        n:第几页
    Returns:
        分页子词表字典
    """
    subVac = {}
    count = len(self.__vocabulary)
    if m * (n-1) > count:
        return subVac
    begin = m * (n-1)
    if m * n > count:
        end = count
    else:
        end = m * n
```

```
            ks = self.__vocabulary.keys()
            for i in range(begin,end):
                subVac[ks[i]] = self.__vocabulary[ks[i]]
            return subVac

    def __randomIndex(self, n):
        """生成0到词表单词数之间的不重复随机数列
        Args:
            n:数列个数
        Returns:
            随机数列
        """
        intlist = set()
        j = 0
        while j < n:
            i = random.randint(0, len(self.__vocabulary) - 1)
            if i not in intlist:
                intlist.add(i)
                j += 1
        return intlist

    def randomSub(self,n):
        """生成随机子词表字典
        Args:
            n:子词表字典包含单词数
        Returns:
            随机子词表字典
        """
        subVac = {}
        if n > self.size:
            n = self.size
        ks = self.__vocabulary.keys()
        for i in self.__randomIndex(n):
            subVac[ks[i]] = self.__vocabulary[ks[i]]
        return subVac

    def columnSub(self,columnName,value):
        """生成特定字段值子词表字典
        Args:
            columnName:字段名称
            value:字段值
        Returns:
            特定字段值子词表字典
        """
        if columnName not in self.__columnNames:
            print "该字段不存在"
            return {}
        i = self.__columnNames.index(columnName)
        return {k:v for k,v in self.__vocabulary.items() if v[i-1] == value}

    def show(self,m):
```

```
        """"显示词表的前 m 个单词
        Args:
            m:词数
        Returns:

        """
        out = ""
        subVoc = self.pagingSub(m)
        i = 1
        for k,v in subVoc.items():
            out += u" % s: % s\n" % (self.__columnNames[0],k)
            for e in v:
                out +=  u" % s: % s\n" % (self.__columnNames[1],e)
            out += "\n"
            i += 1
        print out


class DefaultVocabulary(Vocabulary):
    """"默认词表类,通过 words.txt 创建词表,并加入"掌握"字段
    """
    def __init__(self):
        self.file2voc(u"words.txt")
        self.addColumn(u"掌握",u"N")
```

2. question 模块

question 模块用于根据词表出题。模块引入了 vocabulary 模块和内置的 sys 模块,sys 模块用于系统相关操作,主要用它完成输入字符串转 Unicode。模块包含了 4 个函数: showVac()、query()、testE2C()和 testC2E()。

showVac(vocabulary)函数:用于分页显示词表。为防止词表中单词过多,采用了分页显示的方式,每页显示三个单词,用户可以控制何时停止显示。

query(vocabulary,word)函数:用于查询词表中的词,并显示相关信息。

testE2C(vocabulary,n)函数:用于英-汉测试。如果回答正确标记为已掌握,回答错误标记为未掌握。

testC2E(vocabulary,n)函数:用于汉-英测试。如果回答正确标记为已掌握,回答错误标记为未掌握。

模块 question 的代码如下所示:

```
# -*- coding: utf-8 -*-
from vocabulary import Vocabulary
import sys

def showVac(vocabulary):
    """"分页显示词表
        Args:
            vocabulary: 词表,一个 Vocabulary 类实例
        Returns:
    """
```

```python
    m = 3
    n = 1;
    while vocabulary.size > m * (n - 1):
        subVoc = vocabulary.pagingSub(m, n)
        out = u""
        for k, v in subVoc.items():
            out += u"% s: % s\n" % (vocabulary.columnNames[0], k)
            for j in range(0, len(v)):
                out += u"% s: % s\n" % (vocabulary.columnNames[j + 1], v[j])
            out += "\n"
        print out
        n += 1
        order = input(u"选择功能:\n1.继续\n2.退出")
        if order == 1:
            pass
        elif order == 2:
            break


def query(vocabulary, word):
    """查询词表中的词并显示
        Args:
            vocabulary: 词表,一个 Vocabulary 类实例
            word:单词
        Returns:
    """
    if word in vocabulary.vocabulary:
        i = 1
        for it in vocabulary.vocabulary[word]:
            print  u"% s: % s\n" % (vocabulary.columnNames[i], it)
            i += 1
    else:
        print u"没有这个词!"


def testE2C(vocabulary, n):
    """英 - 汉测试
        Args:
            vocabulary: 词表,一个 Vocabulary 类实例
            n:一次测试的单词数
        Returns:
    """
    for k, v in vocabulary.randomSub(n).items():
        print k
        e = raw_input(u"请输入解释:").decode(sys.stdin.encoding)
        if e in v[0].split(u","):
            print u"回答正确"
            v[1] = u"Y"
        else:
            v[1] = u"N"
            print u"回答错误,正确答案是 % s" % v[0]


def testC2E(vocabulary, n):
```

```
"""汉－英测试
    Args:
        vocabulary: 词表,一个 Vocabulary 类实例
        n:一次测试的单词数
    Returns:
"""
for k,v in vocabulary.randomSub(n).items():
    print v[0]
    e = raw_input(u"请输入单词:").decode(sys.stdin.encoding)
    if e == k:
        print u"回答正确"
        v[1] = u"Y"
    else:
        v[1] = u"N"
        print u"回答错误,正确答案是 %s" % k
```

3. main 模块

main 模块是单词学习系统的入口模块。模块引入了 vocabulary 模块、question 模块和内置的 sys 模块。模块提供了 manage()和 learn()两个函数,前者用于管理字典,后者用于学习单词。

单词学习系统的业务流程图如图 10-10 所示。

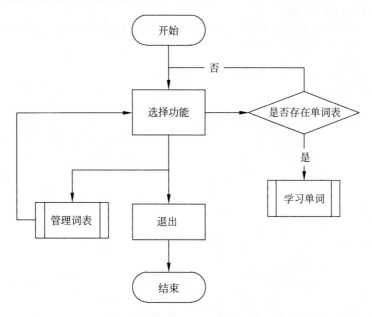

图 10-10　单词学习系统的业务流程图

模块 main 的代码如下所示:

```
# -*- coding: utf-8 -*-
from vocabulary import Vocabulary
from vocabulary import DefaultVocabulary
import question
import sys
```

```python
def manage():
    """管理字典
    """
    global _voc
    s = u" *********************** \n"
    s += u"选择功能:\n1.使用默认词表\n2.从文件读取词表\n3.将词表写入文件\n"
    s += u"4.添加新词\n5.更新词\n6.删除词\n7.显示词典\n8.退出\n"
    while True:
        order = input(s)
        if order == 1:
            _voc = DefaultVocabulary()
        elif order == 2:
            _voc.file2voc(raw_input(u"打开词表文件路径:"))
        elif order == 3:
            _voc.voc2file(raw_input(u"保存词表文件路径:"))
        elif order == 4 or order == 5:
            item = []
            for name in _voc.columnNames:
                item.append(raw_input(u" % s:" % name).decode(sys.stdin.encoding))
            if _voc.updataItem(item):
                print u"添加或更新成功!"
            else:
                print u"添加或更新不成功!"
        elif order == 6:
            if _voc.removeItem(raw_input(u"输入单词:").decode(sys.stdin.encoding)):
                print u"移除成功!"
            else:
                print u"移除不成功!"
        elif order == 7:
            _voc.show(10)
        elif order == 8:
            break
        else:
            pass


def learn():
    """学习单词
    """
    global _voc
    if not _voc.vocabulary:
        print u"请添加单词表"
        return
    s = u" ********************** \n"
    s += u"选择功能:\n1.查单词\n2.浏览单词表\n3.浏览未掌握的单词\n"
    s += u"4.测试所有单词\n5.测试未掌握的单词\n6.清空所有已掌握\n7.退出\n"
    while True:
        order = input(s)
        if order == 1:
            question.query(_voc, raw_input(u"输入单词:").decode(sys.stdin.encoding))
        elif order == 2:
            question.showVac(_voc)
```

```
        elif order == 3:
            sub = Vocabulary()
            sub.make(_voc.columnSub(u"掌握",u"N"),_voc.columnNames)
            question.showVac(sub)
        elif order == 4:
            question.testC2E(_voc,1)
            question.testE2C(_voc,1)
        elif order == 5:
            sub = Vocabulary()
            sub.make(_voc.columnSub(u"掌握",u"N"),_voc.columnNames)
            question.testC2E(sub,1)
            question.testE2C(sub,1)
        elif order == 6:
            _voc.updataColumn(u"掌握",u"N")
        elif order == 7:
            break
        else:
            pass


if ( __name__ == "__main__"):
    _voc = DefaultVocabulary()
    while True:
        print " ************************** "
        order = input(u"选择功能:\n1.管理词表文件\n2.背单词\n3.退出\n")
        if order == 1:
            manage()
        elif order == 2:
            learn()
        elif order == 3:
            break
        else:
            pass
```

实验 6 io 操作

【实验目的】

io 操作,即输入输出操作,是用户与程序之间进行交互的重要手段。实验 6 设计完成了一个电影评论系统,系统中大量使用了文件的读写,更有对 xml 文档的处理。该系统实现了查看影评和发表影评的功能,并把电影和影评的信息存入到 xml 文档中。通过该实验,可以理解输入输出操作,掌握不同类型文件的输入输出。

【实验内容及步骤】

保存电影和影评信息的 xml 文档采用"条目-元素"的结构。在该类 xml 文档中,有一个根节点,根节点里包含若干个条目节点,每个条目节点里又包含若干元素节点。其基本结构如下所示:

```
<root>
    <item>
        <elem1></elem1>
        <elem2></elem2>
        ...
    </item>
    <item>
        <elem1></elem1>
        <elem2></elem2>
        ...
    </item>
    ...
</root>
```

系统将电影信息保存到一个"条目-元素"结构的 film. xml 文件中,如图 10-11 所示。电影的评论信息保存在不同的"条目-元素"结构的 xml 文档中,可通过 film. xml 文件里<item>节点的 reviewFiles 属性获得文件相对路径。影评信息所对应的 xml 文档如图 10-12 所示。

```
<?xml version="1.0"?>
- <films>
    - <item reviewFiles="dh2.xml">
        <title>大话西游2</title>
        <director>刘镇伟 </director>
        <starring>周星驰</starring>
    </item>
    - <item reviewFiles="zl.xml">
        <title>战狼2</title>
        <director>吴京 </director>
        <starring>吴京</starring>
    </item>
    - <item reviewFiles="dmkj.xml">
        <title>盗梦空间</title>
        <director>克里斯托弗·诺兰 </director>
        <starring>莱昂纳多·迪卡普里奥</starring>
    </item>
</films>
```

图 10-11　film. xml 文件

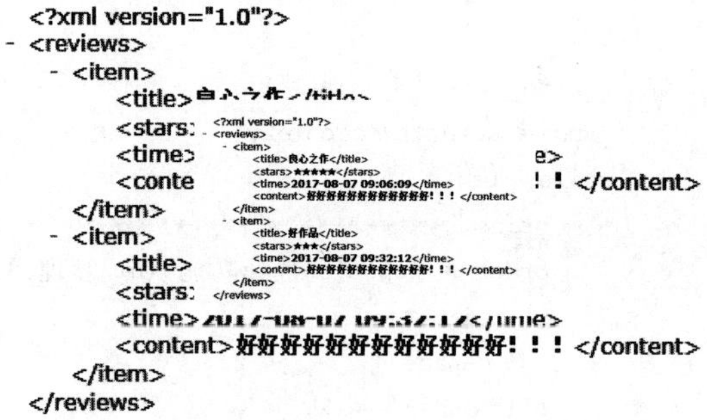

```
<?xml version="1.0"?>
- <reviews>
    - <item>
        <title>良心之作</title>
        <stars>★★★★★</stars>
        <time>2017-08-07 09:06:09</time>
        <content>好好好好好好好好好!!!</content>
    </item>
    - <item>
        <title>好作品</title>
        <stars>★★★</stars>
        <time>2017-08-07 09:37:12</time>
        <content>好好好好好好好好好好好好!!!</content>
    </item>
</reviews>
```

图 10-12　影评 xml 文件

系统自定义了三个模块：extractor、maker 和 main。

1. extractor 模块

该模块实现了从"条目-元素"结构的 xml 文档中提取信息的功能。模块使用 Python 中的 sax(simple API for XML)工具包分析 xml 文档。SAX 是基于事件驱动的,用户通过自定义回调函数来完成特定 xml 文档的处理。extractor 模块也可以理解为一个 sax 工具包的应用实例。

extractor 模块包含了三个类：ItemHandler、ReviewHandler 和 FilmHandler,它们之间的关系如图 10-13 所示。

类 ItemHandler("条目-元素"句柄类)：继承了 sax 工具包中的 ContentHandler 类。具有 5 个属性：__itemName、__elemNames、__items、__item 和 __currenTag。其中,__items 使用修饰符@property 完成属性的访问,__item 是一个有序字典。除了访问__items 的方法外,还重载了 startElement()、endElement()和 characters()三个方法,并自定义了一个show()方法用于显示提取的数据集。使用类 ItemHandler 作为句柄,在分析 xml 文档时,遇到一个节点的开始标签(如<item>)会调用 startElement()方法,如果标签中包含内容会

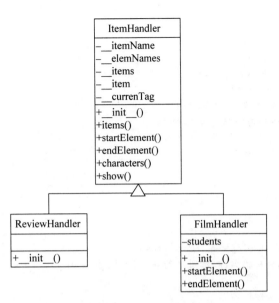

图 10-13 类关系图

调用 characters()方法,遇到一个节点的结束标签(如</item>)会调用 endElement()方法。

类 ReviewHandler(评论句柄类):继承了 ItemHandler 类。初始化条目节点名称为 item,元素节点名称分别为 title、stars、time 和 content。

类 FilmHandler(影片句柄类):继承了 ItemHandler 类。具有属性 reviewFiles 和 __currenAttr。重载了方法 startElement()和方法 endElement()。

此外,extractor 模块包含两个函数 show()和 extract()。

show()函数用于显示从文件中提取的数据。

extract()函数用于从文件中提取数据。

extractor 模块的代码如下所示:

```
# -*- coding: utf-8 -*-
import xml.sax
from collections import OrderedDict


class ItemHandler( xml.sax.ContentHandler ):
    """"条目-元素"句柄类
    Attribute:
        __itemName:条目名称,是一个字符串
        __elemNames: 条目中的元素名称,是一个列表
        __items: 所有数据,是一个列表
        __item: 一条数据,是一个(元素名,内容)的有序字典
        __currenTag: 当前标签,是一个字符串

    """
    def __init__(self, itemName, elemNames):
        """构造函数
        Args:
            itemName: 条目名称,字符串类型
            elemNames; 条目中的元素名称,列表类型
```

```
            Returns:
            """
            self.__itemName = itemName
            self.__elemNames = elemNames
            self.__items = []
            self.__item = OrderedDict()
            for elemName in self.__elemNames:
                self.__item[elemName] = u""
            self.__currenTag = u""


    @property
    def items(self):
        return self.__items


    def startElement(self, tag, attributes):
        """保存当前标签名称.遇到一个 xml 开始标签,调用它
        Args:
            tag: xml 标签名称
            attributes; xml 标签属性
        Returns:
        """
        self.__currenTag = tag


    def endElement(self, tag):
        """将提取的条目信息,加入到条目列表中.遇到一个 xml 结束标签,调用它
        Args:
            tag: xml 标签名称
        Returns:
        """
        if tag == self.__itemName:
            self.__items.append(self.__item)
            self.__item = OrderedDict()
            for elemName in self.__elemNames:
                self.__item[elemName] = u""


    def characters(self, content):
        """提取条目信息.遇到一个 xml 标签包含的内容时,调用它
        Args:
            content: 内容字符串
        Returns:
        """
        for elem in self.__elemNames:
            if self.__currenTag == elem:
                self.__item[elem] = unicode(content)


    def show(self, separator = u"\t", isPrint = True, isFormat = True):
        """显示提取的数据集
        Args:
            isPrint: 是否使用 print 打印数据集
            isFormat; 是否带格式输出
            separator: 每条数据间的分隔符,默认为"\t"
```

```
        Returns:
            返回数据集字符串
        """
        out = u""
        if isFormat:
            for item in self.__items:
                for k,v in item.items():
                    out += u"%s: %s\n" % (k,v)
        else:
            for item in self.__items:
                for k,v in item.items():
                    out += u"%s%s" % (v,separator)
            out += u"\n"
        if isPrint:
            print out
        return out


class ReviewHandler(ItemHandler):
    """评论句柄类"""
    def __init__(self):
        ItemHandler.__init__(self,u"item",[u"title",u"stars",u"time",u"content"])


class FilmHandler(ItemHandler):
    """影片句柄类
    Attribute:
        reviewFiles: 所有条目 reviewFiles 属性的值,是一个列表
        __currenAttr:当前属性
    """
    def __init__(self):
        ItemHandler.__init__(self,u"item",[u"title",u"director",u"starring"])
        self.reviewFiles = []
        self.__currenAttr = {}


    def startElement(self, tag, attributes):
        """保存条目属性.遇到一个 xml 开始标签,调用它
        Args:
            tag: xml 标签名称
            attributes; xml 标签属性
        Returns:
        """
        ItemHandler.startElement(self, tag, attributes)
        if tag == u"item":
            self.__currenAttr = attributes


    def endElement(self, tag):
        """提取 reviewFiles 属性值,即影评文件的路径.遇到一个 xml 结束标签,调用它
        Args:
            tag: xml 标签名称
        Returns:
        """
        ItemHandler.endElement(self, tag)
```

```python
            if tag == u"item":
                for attr in self.__currenAttr.getNames():
                    if attr == u"reviewFiles":
                        self.reviewFiles.append(unicode(self.__currenAttr.getValue(attr)))


def show(path, itemHandler, isPrint = True, isFormat = True, separator = u"\t"):
    """显示从文件中提取的数据
    Args:
        path:文件所在路径
        itemHandler: 一个 ItemHandler 类的实例
        isPrint: 是否使用 print 打印数据集
        isFormat; 是否带格式输出
        separator: 每条数据间的分隔符,默认为"\t"
    Returns:
        返回数据集字符串
    """
    parser = xml.sax.make_parser()
    parser.setContentHandler(itemHandler)
    parser.parse(path)
    return itemHandler.show(separator, isPrint, isFormat)


def extract(path,itemHandler):
    """从文件中提取的数据
    Args:
        path:文件所在路径
        itemHandler: 一个 ItemHandler 类的实例
    Returns:
        返回数据集列表,列表项为有序字典
    """
    parser = xml.sax.make_parser()
    parser.setContentHandler(itemHandler)
    parser.parse(path)
    return itemHandler.items


if ( __name__ == "__main__"):
    show(raw_input(u"输入 Film 文件路径:"),FilmHandler())
```

2. maker 模块

该模块实现了制作"条目-元素"结构的 xml 文档和在一个"条目-元素"结构的 xml 文档中添加新条目的功能。maker 模块包含了 4 个函数：elemMaker( )、itemMaker( )、xmlMarke()和 append( )。

elemMaker()函数：制作一个元素。给定一个元素名称和元素内容返回一个元素的 xml 字符串。

itemMaker()函数：制作一个条目。通过一个有序字典生成一个条目的 xml 字符串,字典如 OrderedDict([(u"title",u"评论标题"),(u"stars","★★★"),(u"time","2017-08-07 09：32：12"),(u"content","评论内容")])。

xmlMaker()函数：制作"条目-元素"xml 文档。通过一个包含多个有序字典的列表,生成一个"条目-元素"xml 文档字符串。

append()函数：追加新条目到一个"条目-元素"xml 文档。采用先读入 xml 文档到字符串，再把新条目插入到字符串相应位置中，最后把字符串写回到 xml 文档的方法设计完成。为保证能够正确地处理中文，读取和写入的字符串都要进行 UTF-8 编码。

模块 maker 的代码如下所示：

```python
# -*- coding: utf-8 -*-
from collections import OrderedDict

def elemMaker(elemName, elemContent):
    """制作一个元素
        Args:
            elemName: 元素名称
            elemContent; 元素内容
        Returns:
            返回一个元素 xml 字符串
    """
    return u"<%s>%s</%s>" % (elemName,elemContent,elemName)

def itemMaker(itemName,elems,itemArrts = OrderedDict()):
    """制作一个条目
        Args:
            itemName:条目节点名称
            elems: 条目中的元素有序字典
            itemArrts:条目节点属性有序词典
        Returns:
            如果 elems 为有序字典,返回一个条目 xml 字符串,否则返回空字符串
    """
    if type(elems) != type(OrderedDict()) or type(itemArrts) != type(OrderedDict()):
        print u"elems 或 itemArrts 不为有序字典!"
        return ""
    out = u""
    arrt_s = u""
    for k,v in itemArrts.items():
        arrt_s += u"%s = \"%s\"" % (k,v)
    if arrt_s == u"":
        out = u"<%s>" % itemName
    else:
        out = u"<%s %s>" % (itemName,arrt_s)
    for k,v in elems.items():
        out += elemMaker(k,v)
    out += u"</%s>" % itemName
    return out

def xmlMarker(rootName, itemName, items, Arrts):
    """制作"条目-元素"xml 文档
        Args:
            rootName:文档根节点名称
            itemName: 文档条目节点名称
            items: 条目列表
```

```
            Arrts:条目属性列表
        Returns:
            返回一个"条目－元素"xml文档字符串
    """
    n = 0
    out = u"<%s>" % rootName
    for item in items:
        out += itemMaker(itemName,item,Arrts[n])
        n += 1
    out += u"</%s>" % rootName
    return out


def append(path,rootName,itemName,elems,itemArrts = OrderedDict()):
    """追加新条目到一个"条目－元素"xml文档
        Args:
            path:"条目－元素"xml文档路径
            rootName:文档根节点名称
            itemName:文档条目节点名称
            elems:条目中的元素有序字典
            itemArrts:条目节点属性有序词典
        Returns:
    """
    root = u"</%s>" % rootName
    f = open(path)
    s = unicode(f.read(),"utf-8")
    f.close()
    s = s[:len(s)-len(root)] + itemMaker(itemName,elems,itemArrts) + root
    f = open(path,"w")
    f.write(s.encode("utf-8"))
    f.close()


if ( __name__ == "__main__"):
    pass
```

4. main 模块

该模块是影评系统的入口模块。提供了 4 个函数 printItems()、showFilm()、addFilm()和 removeFilem()：

printItems()函数：用于打印条目信息。

showFilm()函数：用于显示电影信息、显示评论和添加新的评论。本质是对"条目-元素"结构的 xml 文档的读取、分析和添加条目。

addFilm()函数：用于添加一个电影信息。添加新条目到 films.xml 文档中，并创建一个新的评论 xml 文档。

removeFilem()函数：用于删除一个电影信息。删除 films.xml 文档中的条目和对应的评论 xml 文档。

影评系统的业务流程图如图 10-14 所示。

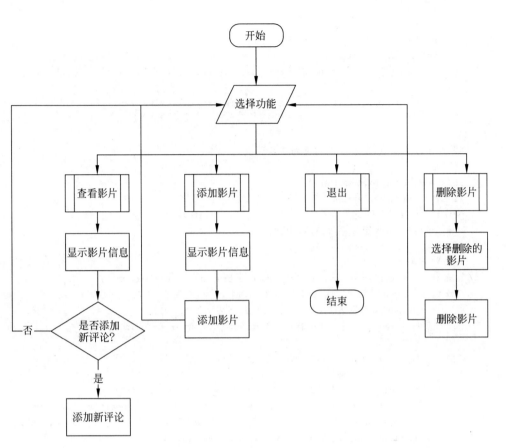

图 10-14　影评系统的业务流程图

模块 main 的代码如下所示：

```python
# -*- coding: utf-8 -*-
import os
import extractor
import maker
import time
from collections import OrderedDict
import sys

def printItems(headline, items):
    """打印条目信息
        Args:
            headline: 标题列表
            items; 条目信息
        Returns:
            返回一个元素 xml 字符串
    """
    n = 0
    for item in items:
        print "***************************************************** \n ** "
        i = 0
```

```
            n += 1
            print "** 　序　　号:%d" % n
            for k,v in item.items():
                print "**  　" + headline[i].decode("utf-8") + ":" + v
                i += 1
            print " ** \n**************************************************** \n"


def showFilm():
    """显示电影信息、显示评论和添加新的评论
    """
    fh = extractor.FilmHandler()
    items = extractor.extract("films.xml",fh)
    printItems(["影 片 名","导　　演","领衔主演"],items)
    n = input(u"输入影片序号,查看影评:")
    fileName = fh.reviewFiles[n-1]
    while True:
        items = extractor.extract(fileName,extractor.ReviewHandler())
        printItems(["标　　题","星　　级","时　　间","内　　容"],items)
        if input(u"是否发表评论:\n1.发表\n2.不发表") == 1:
            t = raw_input(u"评论标题:").decode(sys.stdin.encoding)
            s = u""
            for i in range(0,input(u"评论星级:")):
                s += u"★"
            c = raw_input(u"评论内容:").decode(sys.stdin.encoding)
            h = time.strftime('%Y-%m-%d %H:%M:%S',time.localtime(time.time()))
            elems = OrderedDict([(u"title",t),(u"stars",s),(u"time",h),(u"content",c)])
            maker.append(fileName,u"reviews",u"item",elems)
        else:
            break


def addFilm():
    """添加影片信息
    """
    t = raw_input(u"影片标题:").decode(sys.stdin.encoding)
    d = raw_input(u"导　　演:").decode(sys.stdin.encoding)
    s = raw_input(u"领衔主演:").decode(sys.stdin.encoding)
    p = raw_input(u"文件路径:").decode(sys.stdin.encoding)
    elems = OrderedDict([(u"title",t),(u"director",d),(u"starring",s)])
    attrs = OrderedDict([(u"reviewFiles",p)])
    maker.append("films.xml",u"films",u"item",elems,attrs)
    f = open(p,"w")
    f.write(maker.xmlMarker(u"reviews",u"item",[],[]))
    f.close()


def removeFilem():
    """删除电影信息
    """
    fh = extractor.FilmHandler()
    items = extractor.extract("films.xml",fh)
    printItems(["影 片 名","导　　演","领衔主演"],items)
    n = input(u"输入影片序号,删除影片:")
```

```
        fileName = fh.reviewFiles[n-1]
        del items[n-1]
        del fh.reviewFiles[n-1]
        attrs = []
        for a in fh.reviewFiles:
            attr = OrderedDict()
            attr["reviewFiles"] = a
            attrs.append(attr)
        f = open("films.xml","w")
        f.write(maker.xmlMarker(u"films",u"item",items,attrs).encode("utf-8"))
        f.close()
        print fileName
        os.remove(fileName)


if ( __name__ == "__main__"):
    while True:
        n = input(u"选择功能:\n1.查看影片\n2.添加影片\n3.删除影片\n4.退出")
        if n == 1:
            showFilm()
        elif n == 2:
            addFilm()
        elif n == 3:
            removeFilem()
        elif n == 4:
            break
        else:
            pass
```

实验 7　引入第三方库

实验 7.1　安装第三方库

第三方库是相对于标准库而言的。标准库是由 Python 官方制作的,通常情况下成功安装 Python 后就可以通过 import 语句引用它们。而第三方库是由非官方的个人或组织制作的,通常情况下需要额外的安装才可以通过 import 语句引用它们。使用第三方库可以快速高效地完成一个系统的设计。Python 之所以如此受欢迎,很大程度上是因为它具有庞大的第三方库。

在 Windows 下,第三方库的安装通常有以下三种情况。

1. 使用 pip 安装

pip 是 Python 自带的一个应用程序,可以在 Python 安装目录下的 Scripts 文件夹中找到它。当然如果没有找到的话,就需要先安装它了。pip 正确安装以后,可以在命令提示符(即 cmd 中,不是 Python command line)中通过如下语句安装第三方库:

```
pip install libname
```

其中,libname为第三方库的名称。

执行上述语句后,pip会自行搜索、下载和安装libname库。所有上传到PyPI(Python Package Index)的第三方库都可以通过pip命令安装。PyPI是Python官方提供的一个管理第三方库的索引。为了更方便地调用pip,可将pip所在路径添加到环境变量path中。

pip的一些详细说明,可在命令提示符中直接输入"pip"或"pip-h"获得,如图10-15所示。

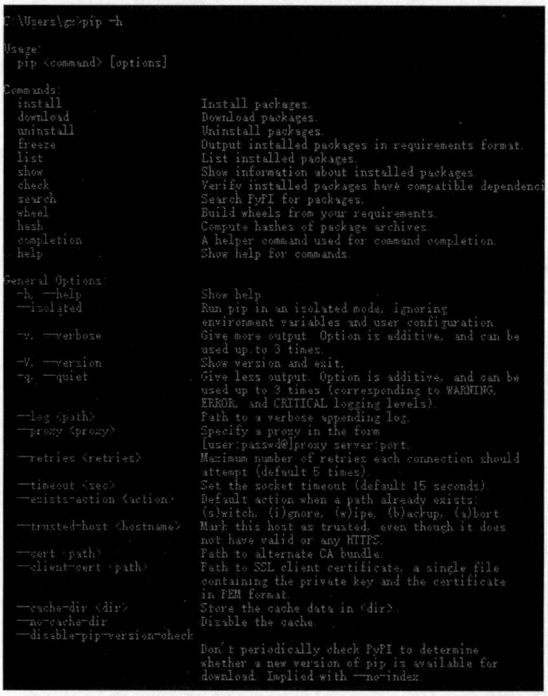

```
C:\Users\gx>pip -h

Usage:
  pip <command> [options]

Commands:
  install                     Install packages.
  download                    Download packages.
  uninstall                   Uninstall packages.
  freeze                      Output installed packages in requirements format.
  list                        List installed packages.
  show                        Show information about installed packages.
  check                       Verify installed packages have compatible dependenci
  search                      Search PyPI for packages.
  wheel                       Build wheels from your requirements.
  hash                        Compute hashes of package archives.
  completion                  A helper command used for command completion.
  help                        Show help for commands.

General Options:
  -h, --help                  Show help.
  --isolated                  Run pip in an isolated mode, ignoring
                              environment variables and user configuration.
  -v, --verbose               Give more output. Option is additive, and can be
                              used up to 3 times.
  -V, --version               Show version and exit.
  -q, --quiet                 Give less output. Option is additive, and can be
                              used up to 3 times (corresponding to WARNING,
                              ERROR, and CRITICAL logging levels).
  --log <path>                Path to a verbose appending log.
  --proxy <proxy>             Specify a proxy in the form
                              [user:passwd@]proxy.server:port.
  --retries <retries>         Maximum number of retries each connection should
                              attempt (default 5 times).
  --timeout <sec>             Set the socket timeout (default 15 seconds).
  --exists-action <action>    Default action when a path already exists:
                              (s)witch, (i)gnore, (w)ipe, (b)ackup, (a)bort.
  --trusted-host <hostname>   Mark this host as trusted, even though it does
                              not have valid or any HTTPS.
  --cert <path>               Path to alternate CA bundle.
  --client-cert <path>        Path to SSL client certificate, a single file
                              containing the private key and the certificate
                              in PEM format.
  --cache-dir <dir>           Store the cache data in <dir>.
  --no-cache-dir              Disable the cache.
  --disable-pip-version-check
                              Don't periodically check PyPI to determine
                              whether a new version of pip is available for
                              download. Implied with --no-index.
```

图10-15　pip帮助文档图

2. 源文件安装

有些第三方库并没有上传到PyPI,自然就不能使用pip安装它。此时,可以下载该第三方库的源文件。打包好的源文件中会有一个setup.py文件,进入源文件所在目录,通过语句python setup.py install安装它。

第三方库Numpy的源文件目录如图10-16所示,使用setup.py文件可安装该第三方库。

3. 安装包安装

在Windows下,可以直接下载第三方库的安装包,通过双击安装它。

实验7.2　NLTK-自然语言处理

自然语言处理(Natural Language Processing,NLP)是计算机科学领域与人工智能领域中的一个重要方向,是研究人与计算机之间用自然语言进行有效通信的各种理论和方法。自然语言处理的现实应用包括:机器翻译、搜索引擎、文本分类、语音识别、自动文摘和情感

doc	2017/8/20 8:55	文件夹	
scipy	2017/8/20 8:55	文件夹	
tools	2017/8/20 8:55	文件夹	
bento.info	2017/6/22 21:35	INFO 文件	3 KB
BENTO_BUILD.txt	2016/10/30 21:37	文本文档	1 KB
bscript	2016/10/30 21:37	文件	7 KB
cythonize.dat	2017/6/24 3:06	DAT 文件	5 KB
HACKING.rst.txt	2017/6/22 21:35	文本文档	21 KB
INSTALL.rst.txt	2017/6/22 21:35	文本文档	7 KB
LICENSE.txt	2017/6/22 21:35	文本文档	2 KB
MANIFEST.in	2017/1/6 20:32	IN 文件	1 KB
PKG-INFO	2017/6/24 3:06	文件	3 KB
setup.py	2017/6/22 21:35	Python File	15 KB
THANKS.txt	2017/6/22 21:35	文本文档	10 KB
tox.ini	2017/6/22 21:35	配置设置	2 KB

图 10-16　Numpy 源文件目录图

分析等。NLTK(Natural Language Toolkit)是一个用于自然语言处理的第三方库。它提供了一个处理自然语言数据的平台,具有简单易用的接口,自带了 50 多个语料库和词汇资源。

1. NLTK 与 NLTK 数据的安装

在 Windows 下安装 NLTK 的顺序如下:

(1) 安装 Python。

(2) 安装 Numpy。Numpy 是一个用于数值计算,尤其是矩阵计算的第三方库。它相当于 Python 版的 MATLAB。由于 NLTK 中大量使用 Numpy 进行计算,所以在安装 NLTK 之前需要先安装 Numpy。否则,NLTK 将不能正常工作。

(3) 安装 NLTK。

NLTK 带有许多语料库、语法和训练模块等数据。但初次安装的 NLTK 只是一个基本框架,想要使用其他的数据,需要额外的安装。NLTK 成功安装后,采用如下语句可安装 NLTK 数据:

```
>>> import nltk
>>> nltk.download()
```

执行上述语句后,会弹出一个如图 10-17 所示的 NLTK Download 界面。在该界面下,可安装需要的数据。

2. NLP 预处理基本流程

在执行诸如机器翻译、情感分析等高级任务之前,往往需要对原生文本进行预处理。由于不同语言处理的方法差别很大,接下来以纯英文文本为例,描述文本预处理的基本流程。

(1) 文本清洗。清理诸如 xml 文档的标签、乱码等操作。

(2) 分句。将一段原生文本分成若干个句子。可用 NLTK 包中的 sent_tokenize() 函数完成。如下列代码所示:

```
>>> import nltk
>>> str = "Dalian University of Foreign Languages (DUFL) is located in the glamorous coastal
city of Dalian. DUFL consists of twenty schools or departments and twenty - one research
centers. It offers thirty - three undergraduate programs of which twenty - four lead to graduate
```

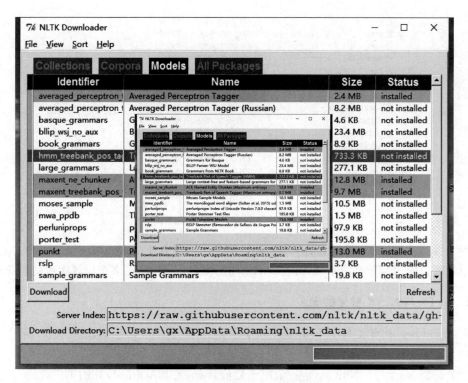

图 10-17　NLTK Download 界面

```
programs."
>>> nltk.sent_tokenize(str)
['Dalian University of Foreign Languages (DUFL) is located in the glamorous coastal city of
Dalian.', 'DUFL consists of twenty schools or departments and twenty-one research centers.',
'It offers thirty-three undergraduate programs of which twenty-four lead to graduate
programs.']
```

（3）分词。对于英文来说，最简单的分词方法是使用字符串的 split( )方法，基于空格分词。不过这种方法精度并不高。NLTK 包中的 word_tokenize( )函数可以完成更高精度的分词，如下列代码所示。

```
>>> import nltk
>>> str = "Dalian University of Foreign Languages (DUFL) is located in the glamorous coastal
city of Dalian."
>>> nltk.word_tokenize(str)
['Dalian', 'University', 'of', 'Foreign', 'Languages', '(', 'DUFL', ')', 'is', 'located', 'in', 'the',
'glamorous', 'coastal', 'city', 'of', 'Dalian', '.']
```

（4）词性（pos）标注。词性标注是很多操作的基础，目前最先进的词性标注算法已经可以达到大约 97％ 的正确率。NLTK 提供了一个 pos_tag( )函数用于词性标注。词性标注依赖于上下文语境，因此对分词后的一整句话进行词性标注，才能达到好的标注效果。此外，词性标注需要用到一些标签来表示词性，pos_tag( )函数中常用标签及说明如表 10-2 所示。pos_tag( )函数的使用方法如下列代码所示：

表 10-2 常用标签及说明

标 签	说 明	标 签	说 明
NN	名词	PBR	比较级副词
NNS	名词复数	RBS	最高级副词
NNP	专用名词单数	RP	小品词
NNPS	专用名词复数	SYM	符号
PDT	前置限定词	UH	叹词
POS	所有格结束符	VB	动词
PRP	人称代词	VBD	动词过去式
PRP＄	所有格代词	VBG	动词现在分词
PB	副词	VBN	动词过去分词

```
>>> import nltk
>>> str = "I was clearing my room."
>>> words = nltk.word_tokenize(str)
>>> nltk.pos_tag(words)
[('I', 'PRP'), ('was', 'VBD'), ('clearing', 'VBG'), ('my', 'PRP＄'), ('room', 'NN'), ('.', '.')]
```

（5）词干提取。NLTK 中的 Porter 词干提取器是一个准确率很高的词干提取器。可以使用它完成纯英文的词干提取，其他语言可以使用 Snowball 提取器。Porter 词干提取器的使用方法如下列代码所示：

```
>>> from nltk.stem import PorterStemmer
>>> pst.PorterStemmer()
>>> pst = PorterStemmer()
>>> pst.stem("eating")
u'eat'
```

（6）形态还原。NLTK 中的 WordNetLemmatizer 可以完成词的形态还原。WordNetLemmatizer 依赖于 WordNet 语料库，因此使用 WordNetLemmatizer 之前需先安装 WordNet。此外，WordNetLemmatizer 还依赖于词性标注，因为对于某些词只有指定词性，才能正确还原形态，如果没有指定词性，只相当于词干提取。WordNetLemmatizer 的使用方法如下列代码所示：

```
>>> from nltk.stem import WordNetLemmatizer
>>> lemma = WordNetLemmatizer()
>>> lemma.lemmatize("ate","v")
u'eat'
```

（7）去除停用词。停用词通常是一些如 a、an 和 it 这样的代词和冠词。这些词对于大多数自然语言处理任务来说是毫无意义的。去除停用词的思想很简单：只需一个停用词表，遍历分词后的单词序列，找出属于停用词表的单词，将之去除就可以了。NLTK 提供了一个停用词表 stopwords，stopwords 中包含了多种语言的停用词，需安装才可以使用它。当然，也可以根据自己的需要制定停用词表。

```
>>> import nltk
>>> from nltk.corpus import stopwords
>>> str = "This is an example."
>>> for word in nltk.word_tokenize(str):
```

```
          if word not in stopwords.words('english'):
              words.append(word)
>>> words
['I', 'clearing', 'room', '.']
```

(8) 命名实体识别。命名实体(Named Entity,NE)是指人名、机构名、地名以及其他所有以名称为标识的实体。NLTK 提供了一个 ne_chunk() 函数用于识别命名实体。ne_chunk() 函数依赖于 maxent_ne_chunker 模块,所以在使用它之前,要安装 maxent_ne_chunker 模块。此外,命名实体识别依赖于词性标注和上下文环境,因此只能识别完成了词性标注的一整句话中的命名实体。ne_chunk() 函数的使用方法如下列代码所示:

```
>>> import nltk
>>> str = "Python is a helpful computer language"
>>> words = nltk.word_tokenize(str)
>>> tags = nltk.pos_tag(words)
>>> nltk.ne_chunk(tags)
Tree('S', [Tree('GPE', [('Python', 'NNP')]), ('is', 'VBZ'), ('a', 'DT'), ('helpful', 'JJ'), ('computer', 'NN'),
 ('language', 'NN')])
```

实验 7.3   自动文摘系统

【实验目的】

实验 7.3 设计完成了一个自动文摘系统。系统实现了自动提取文摘、提取关键字和生成关键字词云的功能。系统引入两个第三方库:NLTK(Natural Language Toolkit)和 wordcloud。前者用于自然语言处理,后者用于生成词云。wordcloud 库可以根据词频或词的权重生成词云,词云如图 10-18 所示。通过该实验,可以理解第三方库与标准库的异同,掌握第三方库的引用。

图 10-18   词云

【实验内容及步骤】

系统自定义了三个模块：abstract、tfidf 和 main。

1. abstract 模块

abstract 模块主要用于自动生成文摘。自动文摘是自然语言处理的一个典型应用。它致力于让计算机总结文本摘要。自动文摘通常分为以下 4 步：

(1) 计算词的权重。

(2) 计算句子的权值。

(3) 按句子的权重降序排列句子，选择权重最大的前 n 句作为文摘。

(4) 按原始顺序输出文摘中的句子。

abstract 模块包括 4 个函数：createAbstract()、abstract_simple()、abstract_tfidef() 和 abstract_tfidef_corpus()。

createAbstract() 函数：根据文本(句子编号、权值、句子)三元组生成文摘句子列表。

abstract_simple() 函数：简单文摘提取函数。采用哪个句子中名词和命名实体占的权重大，那个句子的权值就高的思想，生成文摘。

abstract_tfidef() 函数：基于 TF-IDE 的文摘提取函数。使用 TF-IDE 值作为词的权重，再通过词的权重计算句子的权重。

abstract_tfidef_corpus() 函数：基于 TF-IDE 的文摘提取函数。与 abstract_tfidef() 函数的区别在于，该函数使用语料库。

abstract 模块的代码如下所示：

```
import nltk
import tfidf
import os


def createAbstract(results,pri_n):
    """创建一个摘要句子列表
        Args:
            results: 一个(句子编号,权值,句子)的三元组
            pri_n; 权值最高的 pri_n 个句子,作为摘要
        Returns:
            返回字符串数组
    """
    out = []
    prior = sorted(results,key = lambda x: x[1],reverse = True)[0:pri_n]
    for r in sorted(prior,key = lambda x: x[0],reverse = False):
        out.append(r[2])
    return out


def abstract_simple(content):
    """提取文摘,基于名词和命名实体的比例计算句子权重.
        分词需要 punkt 模块.
        命名实体识别时,需安装 maxent_ne_chunker 模块.
        Args:
            content: 待提取文摘的文本
```

```
                Returns:
                    返回一个(句子编号,权值,句子)的三元组
            """
        results = []
        for s_no,s in enumerate(nltk.sent_tokenize(content)):
            words = nltk.word_tokenize(s)
            tags = nltk.pos_tag(words)
            noun_n = 0
            for word, pos in tags:
                if pos in ["NN","NNP"]:
                    noun_n += 1
            neTree = nltk.ne_chunk(tags)
            ne_n = -1
            for t in neTree.subtrees():
                ne_n += 1
            score = (noun_n + ne_n)/float(len(words))
            results.append((s_no,score,s))
        return results


    def abstract_tfidef(content):
        """提取文摘,基于 TF-IDE 计算句子权重
            Args:
                content: 待提取文摘的文本
            Returns:
                返回一个(句子编号,权值,句子)的三元组
        """
        results = []
        counts = []
        sentences = nltk.sent_tokenize(content)
        for s in sentences:
            counts.append(tfidf.getCount(s))
        for s_no,s in enumerate(sentences):
            score = tfidf.tfidf_1(counts[s_no],counts)
            results.append((s_no,score,s))
        return results


    def abstract_tfidef_corpus(content,contents):
        """提取文摘,基于 TF-IDE 计算句子权重,需使用语料库
            Args:
                content: 待提取文摘的文本
                contents:语料库文本列表
            Returns:
                返回一个(句子编号,权值,句子)的三元组
        """
        results = []
        counts = []
        for c in contents:
            counts.append(tfidf.getCount(c))
        count = tfidf.getCount(content)
        sentences = nltk.sent_tokenize(content)
        for s_no,s in enumerate(sentences):
```

```
        score = tfidf.tfidf_sentence(s,count,counts)
        results.append((s_no,score,s))
    return results
```

2. tfidf 模块

tfidf 模块用于计算 TF-IDE 值。TF-IDF(Term Frequency-Inverse Document Frequency)是词频-逆向文件频率,它用于计算一个词在文本中的重要性。TF-IDE 的基本思想是:某个词在某个文本中出现的频率越高,这个词在该文本中就越重要。但这个词如果在多个文本中都出现,那么就不重要了。tfidf 模块包含 10 个函数:removeSW()、removePunc()、lemma()、removeLow()、getCount()、tfidf()、getKeys()、tfidf_1()、tfidf_n() 和 tfidf_sentence()。

removeSW()函数:用于去除停用词,需安装 stopwords 语料库。

removePunc()函数:用于去除标点符号。

lemma()函数:用于形态还原,需安装 WordNet 语料库。lemma()中并没有标注词性,因此它只具有一个词根提取器的效果

removeLow()函数:用于去除低频词。低频词是出现次数较低的词。只有在语料库较大的情况下才需去除低频词。

getCount()函数:获得文本的词频字典。它的返回值并不是一个纯字典,而是一个collections 模块中的 Counter 对象。

tfidf()函数:计算一个词的 TF-IDF 值。

getKeys()函数:获得一个文本中的所有词的 TF-IDF 值序列,并按照 TF-IDF 值的降序排列。

tfidf_1()函数:获得一个文本的权值。

tfidf_n()函数:获得多个文本的权值。

tfidf_sentence()函数:获得一个句子的权值。

tfidf 模块的代码如下所示:

```
import nltk
from nltk.stem import WordNetLemmatizer
from nltk.corpus import stopwords
import string
import copy
import math
from collections import Counter

def removeSW(words):
    """去除停用词,需安装 stopwords 语料库
        Args:
            words:单词列表
        Returns:
            返回单词列表
    """
    words_r = []
    for word in words:
```

```
            if word not in stopwords.words('english'):
                words_r.append(word)
        return words_r


    def removePunc(words):
        """去除标点符号
            Args:
                words:单词列表
            Returns:
                返回单词列表
        """
        words_r = []
        for word in words:
            if word not in string.punctuation:
                words_r.append(word)
        return words_r


    def lemma(words):
        """形态还原,需安装 WordNet 语料库,没有标注词性
            Args:
                words:单词列表
            Returns:
                返回单词列表
        """
        words_r = []
        lemma = WordNetLemmatizer()
        for word in words:
            words_r.append(lemma.lemmatize(word))
        return words_r


    def removeLow(count,m):
        """去除低频词
            Args:
                count:词频字典,是一个 Counter 对象
                m:低频词阈值
            Returns:
        """
        for c in copy.deepcopy(count):
            if count[c] < m:
                del count[c]


    def getCount(content,isLow = True):
        """得到文本的词频字典
            Args:
                content:文本
                isLow:是否存在低频词
            Returns:
                词频字典,是一个 Counter 对象
        """
        words = nltk.word_tokenize(content)
        words = removeSW(words)
```

```python
    words = removePunc(words)
    words = lemma(words)
    count = Counter(words)
    if not isLow:
        removeLow(count, 2)
    return count


def tfidf(word, count, counts):
    """计算 TF - IDF 值
        Args:
            word:单词
            count:word 所在文本的词频字典,是一个 Counter 对象
            counts:所有文本的词频字典列表,是多个 Counter 对象的列表
        Returns:
            TF - IDF 值
    """
    tf = count[word] / float(sum(count.values()))
    n = 0
    for c in counts:
        if word in c:
            n += 1
    idf = math.log(len(counts) / float(1 + n) + math.e)
    return tf * idf


def getKeys(count, counts):
    """获得关键词
        Args:
            count:word 所在文本的词频字典,是一个 Counter 对象
            counts:所有文本的词频字典列表,是多个 Counter 对象的列表
        Returns:
            按词频降序排列的词频列表
    """
    keys = []
    for c in count:
        keys.append((c, tfidf(c, count, counts)))
    return sorted(keys, key = lambda x: x[1], reverse = True)


def tfidf_1(count, counts):
    """获得一段文本的权值
        Args:
            count:word 所在文本的词频字典,是一个 Counter 对象
            counts:所有文本的词频字典列表,是多个 Counter 对象的列表
        Returns:
            文本权值
    """
    weight = 1
    for c in count:
        weight *= math.log(tfidf(c, count, counts) + math.e)
        weight *= count[c]
    return weight/math.log(sum(count.values()))
```

```python
def tfidf_n(counts,begin = 0, end = 0):
    """获得 n 段文本的权值,n = end - begin
        Args:
            counts:所有文本的词频字典列表,是多个 Counter 对象的列表
            begin:开始索引
            end:结束索引
        Returns:
            文本的权值列表
    """
    counts_sub = []
    if end == 0:
        counts_sub = counts
    else:
        counts_sub = counts[begin:end]
    weights = []
    for count in counts:
        weights.append(tfidf_1(count,counts))
    return weights


def tfidf_sentence(sentence,count,counts):
    """获得一个句子的权值
        Args:
            sentence:句子文本
            count:word 所在文本的词频字典,是一个 Counter 对象
            counts:所有文本的词频字典列表,是多个 Counter 对象的列表
        Returns:
            句子的权值列表
    """
    weight = 1
    for word in nltk.word_tokenize(sentence):
        weight *= math.log(tfidf(word,count,counts) + math.e)
    return weight/math.log(sum(count.values()))
```

3. main 模块

该模块是自动文摘系统的入口模块。提供了两个函数 getAbstract()和 getKeys()。前者对应文摘子系统,后者对应关键字子系统。

自动文摘系统的业务流程图如图 10-19 所示。

模块 main 的代码如下所示:

```python
# -*- coding: utf-8 -*-
import abstract
import tfidf
import os
from wordcloud import WordCloud
import matplotlib.pyplot as plt


def getAbstract():
    """文摘子系统"""
    f = open(raw_input(u"输入文件路径:"))
```

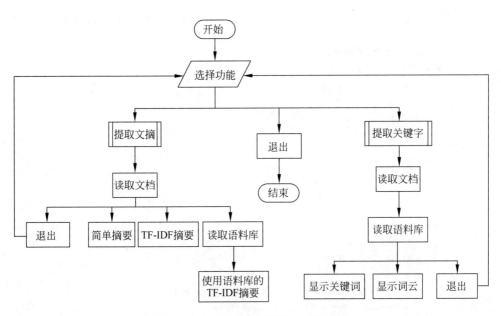

图 10-19 自动文摘系统的业务流程图

```
content = f.read().lower()
f.close()
print u"原文:"
print content
while True:
    print " ***************************** "
    order = input(u"选择功能:\n1.简单摘要\n2.TF – IDF 摘要\n3.使用语料库的 TF – IDF 摘
要\n4.退出\n")
    if order == 1:
        print u"简单摘要:"
        for s in abstract.createAbstract(abstract.abstract_simple(content),3):
            print s
        raw_input(u"回车继续……")
    elif order == 2:
        print u"TF – IDF 摘要:"
        for s in abstract.createAbstract(abstract.abstract_tfidef(content),3):
            print s
        raw_input(u"回车继续……")
    elif order == 3:
        print u"使用语料库的 TF – IDF 摘要:"
        contents = []
        for path_t3 in os.walk("corpus"):
            for path in path_t3[2]:
                try:
                    f = open(os.path.join(path_t3[0], path))
                    contents.append(f.read().lower())
                except IOError,e:
                    print u"打开文件失败:%s" % e
                finally:
                    f.close()
```

```python
            for s in abstract.createAbstract(abstract.abstract_tfidef_corpus(content,contents),3):
                print s
            raw_input(u"回车继续……")
        elif order == 4:
            break
        else:
            pass


def getKeys():
    """关键字子系统"""
    f = open(raw_input(u"输入文件路径:"))
    content = f.read().lower()
    f.close()
    contents = []
    for path_t3 in os.walk("corpus"):
        for path in path_t3[2]:
            try:
                f = open(os.path.join(path_t3[0], path))
                contents.append(f.read().lower())
            except IOError,e:
                print u"打开文件失败:%s"% e
            finally:
                f.close()
    keys = tfidf.getKeys(tfidf.getCount(content),contents)
    while True:
        order = input(u"选择功能:\n1.获得前 5 个关键字\n2.生成词云\n3.退出\n")
        if order == 1:
            print u"关键字:"
            for k in keys[0:5]:
                print k[0]
            raw_input(u"回车继续……")
        elif order == 2:
            dic = {}
            for key in keys:
                dic[key[0]] = key[1]
            wc = WordCloud(background_color = 'white')
            wordcloud = wc.generate_from_frequencies(dic)
            plt.imshow(wordcloud)
            plt.axis("off")
            plt.show()
        elif order == 3:
            break
        else:
            pass


if ( __name__ == "__main__"):
    while True:
        print " ************************** "
        order = input(u"选择功能:\n1.提取摘要\n2.提取关键字\n3.退出\n")
        if order == 1:
```

```
        getAbstract()
    elif order == 2:
        getKeys()
    elif order == 3:
        break
    else:
        pass
```

实验8 图形用户界面编程

实验8.1 Tkinter 模块

图形用户界面(GUI)是以图形的方式来呈现的系统操作界面。相较于命令行界面,图形用户界面操作起来更加方便,更能体现系统的交互性。目前设计跨平台图形界面的一种常用方法是使用 TK 工具包。TK 工具包是一个通过编写 Tcl 代码来创建图形用户界面的工具包,Tcl 是一种脚本语言。虽然 TK 工具包是对 Tcl 语言的扩展,但 Python 也可以使用它创建图形用户界面。目前 Tk/Tcl 已经属于 Python 的一部分,可以通过 Tkinter 模块和它的扩展模块来使用 TK 工具包。

Tkinter 模块是 TK 的接口模块,是面向对象的,是 Python 的内置模块。使用它可以制作平台无关的图形用户界面。下面的代码使用 Tkinter 模块生成了一个简单窗口。

```
>>> import Tkinter
>>> root = Tkinter.Tk()
>>> root.mainloop()
```

执行这段代码,将生成一个如图 10-20 所示的窗口。

Tkinter 模块是基于组件的,它通过在窗口上添加不同的组件来组成一个图形用户界面。组件通常由三部分组成:组件配置选项、组件命令和事件绑定。

组件配置选项:是组件的一些属性信息,如按钮组件的颜色、文本等。

组件命令:是对组件的一些操作,如删除菜单组件中的某个条目。

图 10-20 图形用户界面窗口

事件绑定:是对某些事件的响应。事件是诸如单击鼠标、组件获得焦点等操作。事件响应是当事件发生后执行的动作,往往通过回调函数实现。

下面的代码可以在窗口中添加一个按钮组件。

```
>>> import Tkinter
>>> root = Tkinter.Tk()
>>> button = Tkinter.Button(root)
>>> button["text"] = u"按钮"
>>> button.pack()
>>> root.mainloop()
```

执行这段代码,将生成一个如图 10-21 所示的带有按钮的窗口。

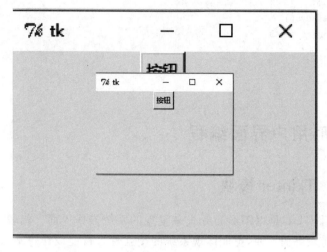

图 10-21　带有按钮的图形用户界面

表 10-3 列出了 Tkinter 模块中的常用组件。

表 10-3　Tkinter 模块中的常用组件

组 件 名 称	功　　　能
Button	按钮组件
Canvas	画布组件,可在上面显示图形元素或文本
Checkbutton	多选框组件
Entry	输入组件
Frame	框架组件,用于作为其他组件的容器
Label	标签组件,用于显示文本和位图
Listbox	列表框组件
Menubutton	菜单按钮组件,用于显示菜单项
Menu	菜单组件
Message	消息组件,用于显示多行文本,与 Label 类似
Radiobutton	单选按钮组件
Scale	范围组件,显示数字区间的数值刻度
Scrollbar	滚动条组件
Text	文本组件,用于显示多行文本
Toplevel	容器组件,类似 Frame,但会提供一个新的窗口
Spinbox	输入组件,类似 Entry,但可以指定输入范围值
PanedWindow	PanedWindow 是一个窗口布局管理的插件,可以包含一个或者多个子组件
LabelFrame	LabelFrame 是一个简单的容器组件
tkMessageBox	用于显示应用程序的消息框

事件响应是通过回调函数实现的。绑定事件通过 bind()方法完成,调用 bind()需要指定事件的名称和回调函数的名称。回调函数有一个参数,该参数是一个 Event 对象。Event对象包含了事件的一些相关信息。

代码实验 8.1 为按钮绑定了鼠标进入和单击事件。当鼠标进入事件发生后,会调用

convert()函数,该函数的功能是把按钮的背景色转换为红色。当单击事件发生后,会调用
hello()函数,该函数的功能是在屏幕上输出"HELLO!"。

```
import Tkinter

def convert(e):
    e.widget["bg"] = "red"

def hello(e):
    print "HELLO!"

root = Tkinter.Tk()
button = Tkinter.Button(root)
button["text"] = u"按钮"
button.bind("<Enter>",convert)
button.bind("<Button-1>",hello)
button.pack()
root.mainloop()
```

代码实验8.1运行结果如图10-22所示。

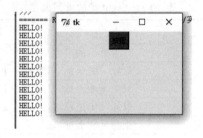

图10-22 带有事件绑定按钮的图形用户界面

在代码实验8.1中,添加了一个按钮组件。设置了按钮的配置选项字体为"按钮",绑定
了鼠标进入事件和单击事件,执行了命令pack()。

表10-4列出了Tkinter模块中的常用事件及触发条件。

表10-4 Tkinter模块中的常用事件及触发条件

事 件 名 称	触 发 条 件
<Activate>	组件的状态由"未激活"转为"激活"
<Button-1>	单击鼠标左键
<Button-2>	单击鼠标中键
<Button-3>	单击鼠标右键
<Button-4>	鼠标滚轮上滚
<Button-5>	鼠标滚轮下滚
<ButtonRelease>	释放鼠标按键
<Configure>	组件尺寸改变
<Deactivate>	组件的状态由"激活"转为"未激活"
<Destroy>	组件被销毁
<Enter>	鼠标指针进入组件

续表

事 件 名 称	触 发 条 件
< Expose >	组件的某部分不被覆盖
< FocusIn >	组件获得焦点
< FocusOn >	组件失去焦点
< KeyPress >	在组件获得焦点的前提下,按下键盘
< KeyPress-?>系列	在组件获得焦点的前提下,按下某个键盘,如< KeyPress-A >
< KeyRelease >	在组件获得焦点的前提下,释放键盘
< KeyRelease-?>系列	在组件获得焦点的前提下,释放某个键盘,如< KeyRelease-A >
< Leave >	鼠标离开组件
< Map >	映射组件
< Motion >	鼠标在组件内移动
< MouseWheel >	鼠标滚轮滚动
< Unmap >	取消映射
< Visibility >	应用程序至少有一部分在屏幕中可见

表 10-5 列出了 Event 类的一些常用属性。

表 10-5　Event 类的常用属性

属　　　性	功　　　能
widget	产生事件的组件
x	鼠标 x 轴坐标,以窗口左上角为原点(0,0)
y	鼠标 y 轴坐标,以窗口左上角为原点(0,0)
x_root	鼠标 x 轴坐标,以屏幕左上角为原点(0,0)
y_root	鼠标 y 轴坐标,以屏幕左上角为原点(0,0)
char	按键对应的字符
keysym	按键名
keycode	按键码
width	组件的宽
height	组件的高
type	事件类型

实验 8.2　PIL 库

PIL(Python Imaging Library)库是基于 Python 设计的图像处理库,可以完成图像处理的基本工作,它几乎可以处理所有图片格式。PIL 库中包含若干子库(模块),如 Image、ImageDraw、ImageFilter、PSDraw、ImageEnhance 和 ImageTk 等。

Image 类:Image 模块中的 Image 类是 PIL 库中最重要的类,它代表图像。有一点类似于 file 类,使用 Image 模块中的 open() 函数可以加载一张图片,并创建一个 Image 类的对象。使用 Image 类中的属性和方法可以查看和设置图片。

下列代码演示了使用 Image 类处理图像的基本流程。

```
>>> from PIL import Image
>>> im = Image.open("f:/panda.jpg")
```

```
>>> newIm = im.rotate(90)
>>> newIm.save("f:/new.jpg","JPEG")
```

语句1：导入 PIL 库中的 Image 模块。

语句2：加载图片 panda.jpg，并返回一个 Image 类的对象 im。

语句3：调用 Image 类的 rotate()方法，旋转图像并返回一个副本。

语句4：保存副本图像为 new.jpg。

panda.jpg 与 new.jpg 如图 10-23 和图 10-24 所示。

图 10-23　panda.jpg

图 10-24　new.jpg

Image 类的常用属性如表 10-6 所示。

表 10-6　Image 类的常用属性

属 性 名	功 能
mode	图像的色彩模式，如 RGB、CMYK 等
size	图像的尺寸(宽和高)，是一个二元组
palette	调色板，gif 等图像格式使用
info	图像的像素信息
readonly	是否只读

Image 类的常用方法如表 10-7 所示。

表 10-7　Image 类的常用方法

方　法　名	功　　　能
width()	获得图像的宽度,可用属性的形式调用
height()	获得图像的高度,可用属性的形式调用
verify()	检验图像的完整性
save(filename,format)	保存图像
rotate(angle)	旋转 angle 角度,并返回副本
resize(size)	调整图像尺寸,并返回副本。size 是一个(宽,高)二元组
filter(filter)	设置滤镜效果,并返回副本。参数 filter 可由 ImageFilter 类和 ImageEnhance 类提供

实验 8.3　图像处理系统

【实验目的】

实验 8.3 设计完成了一个具有图形用户界面的简单图像处理系统。系统实现了打开并显示图像、保存图像、缩放图像、旋转图像、轮廓效果、浮雕效果、锐化效果和撤销上一步操作等功能。系统使用 Tkinter 模块设计图形用户界面,使用第三方库 PIL 完成图像处理。通过该实验,可以理解 Tkinter 模块设计界面的思想,掌握 Tkinter 模块设计图形界面的方法。

【实验内容及步骤】

1. 主界面

简单图像处理系统的主界面如图 10-25 所示。

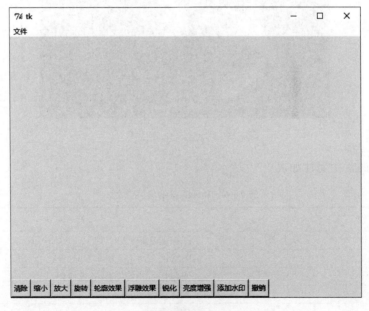

图 10-25　简单图像处理系统主界面

2. 主界面上各组件的设计与实现

简单图像处理系统由一个"文件"菜单、一个画布和 10 个按钮组成。

"文件"菜单：使用 Tkinter 模块的 Menu 类设计完成。菜单具有三个菜单项："打开""保存"和"退出"，如图 10-26 所示。单击"打开"菜单项，会弹出一个"选择文件"对话框，该对话框使用 tkFileDialog 模块中的 askopenfilename() 函数设计完成，如图 10-27 所示。在对话框中选择一个图片文件，可以加载该图片，加载图片使用 Image 模块的 open() 函数实现。单击"保存"菜单项可以保存图片，保存图片使用 Image 类的 save() 方法实现。单击"退出"菜单项退出系统。

图 10-26 "文件"菜单　　　　　　图 10-27 "选择文件"对话框

画布：使用 Tkinter 模块的 Canvas 类设计完成。画布对应系统的文档编辑区。通过"打开"菜单项加载的图片，会在画布上呈现。画布绑定了< Button-1 >事件（单击鼠标左键）和< B1-Motion >事件（按住鼠标左键移动鼠标）。触发< Button-1 >事件后，会将打开的图片显示到鼠标所在的位置。触发< B1-Motion >事件后，图片会随鼠标移动。

按钮使用 Tkinter 模块的 Canvas 类设计完成，不同按钮具备不同的功能。

清除按钮：清除打开的图片。使用 Canvas 类的 delete() 方法实现。

缩小按钮：缩小图片，每次缩放到当前尺寸的 1/4（宽 1/2，高 1/2）。使用 Image 类的 resize() 方法实现。

放大按钮：放大图片，每次放大到当前尺寸的 1/4（宽 1/2，高 1/2）。使用 Image 类的 resize() 方法实现。

旋转按钮：旋转图片，每次旋转 90°。使用 Image 类的 rotate() 方法实现。

轮廓效果按钮：设置图片的轮廓效果。使用 Image 类的 filter() 方法和 ImageFilter 模块的 CONTOUR 类实现。图片 panda.jpg 的轮廓效果如图 10-28 所示。

浮雕效果按钮：设置图片的浮雕效果。使用 Image 类的 filter() 方法和 ImageFilter 模块的 EMBOSS 类实现。图片 panda.jpg 的浮雕效果如图 10-29 所示。

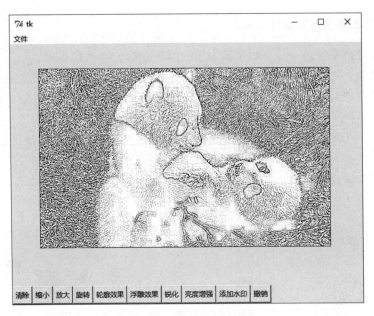

图 10-28　轮廓效果图

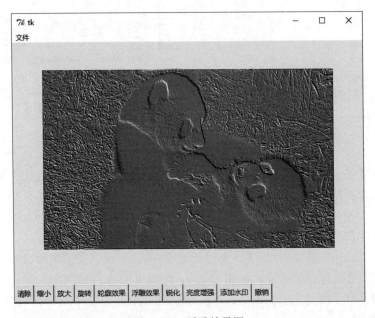

图 10-29　浮雕效果图

　　锐化效果按钮：设置图片的锐化效果。使用 ImageEnhance 模块的 Sharpness 类的 enhance()方法实现。图片 panda.jpg 的锐化效果如图 10-30 所示。

　　亮度增强效果按钮：设置图片的亮度增强效果。使用 ImageEnhance 模块的 Brightness 类的 enhance()方法实现。图片 panda.jpg 的亮度增强效果如图 10-31 所示。

　　添加水印按钮：为图片添加一个水印。单击"添加水印"按钮后，会弹出一个"输入字符串"对话框，该对话框使用 tkSimpleDialog 模块中的 askstring()函数设计完成，如图 10-32

图 10-30　锐化效果图

图 10-31　亮度增强效果图

所示。在对话框中输入字符串后,字符串文字会以水印的形式出现在图片上。图片 panda.jpg 的水印效果如图 10-33 所示。

　　撤销按钮:撤销上一次操作,不撤销缩放操作。基本设计思想是:保存本次操作前的 Image 对象,再重新显示。

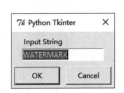

图 10-32　"输入字符串"对话框

图 10-33　添加水印后的效果图

3. 源代码

实验 8 的代码如下所示：

```python
# -*- coding: utf-8 -*-
from Tkinter import *
import tkFileDialog
import tkSimpleDialog
from PIL import Image
from PIL import ImageTk
from PIL import ImageFilter
from PIL import ImageEnhance
from PIL import ImageDraw
from PIL import ImageFont


class Application(Frame):
    """一个应用程序框架,继承了 Frame 类
    Attribute:
        __pic:当前图片组件.在__showPic()方法中初次创建
        __f: 图片文件,在 openPic()方法中初次创建
        __image:当前图片,一个 Image 类对象.在 openPic()方法中初次创建
        __prior:前一个操作的图片.在 openPic()方法中初次创建
        __im:Tkinter 模块图片.在 openPic()方法中初次创建
        __mul:图片显示倍数.在 openPic()方法中初次创建
        __canvas:画布组件.在 createWidgets()方法中初次创建

    """
```

```python
    def __init__(self, master = None):
        Frame.__init__(self, master)
        self.pack()
        self.createWidgets()

    def __showPic(self, x = 300, y = 150):
        """在画布上，显示图片
        Args:
            x:图片的宽
            y:图片的高
        Returns:
        """
        self.__pic = self.__canvas.create_image(x, y, image = self.__im)

    def openPic(self):
        """加载图片，并初始化相关属性"""
        self.__f = tkFileDialog.askopenfilename(title = u"选择文件")
        self.__image = Image.open(self.__f)
        self.__prior = self.__image
        self.__im = ImageTk.PhotoImage(self.__image)
        self.__showPic()
        self.__mul = 1

    def savePic(self):
        """保存图片"""
        self.__image.save(self.__f, "JPEG")

    def clearPic(self):
        """清除图片"""
        self.__canvas.delete(self.__pic)

    def zoomOut(self):
        """放大图片"""
        self.__mul = self.__mul * 0.5
        image = self.__image.resize((int(self.__image.size[0] * self.__mul), int(self.__image.size[1] * self.__mul)))
        self.clearPic()
        self.__im = ImageTk.PhotoImage(image)
        self.__showPic()

    def zoomIn(self):
        """缩小图片"""
        self.__mul *= 2
        image = self.__image.resize((int(self.__image.size[0] * self.__mul), int(self.__image.size[1] * self.__mul)))
        self.clearPic()
        self.__im = ImageTk.PhotoImage(image)
        self.__showPic()

    def rotate(self):
        """旋转图片"""
```

```python
        self.__prior = self.__image
        self.__image = self.__image.rotate(90)
        self.__im = ImageTk.PhotoImage(self.__image)
        self.clearPic()
        self.__showPic()

    def contour(self):
        """生成图片轮廓效果"""
        self.__prior = self.__image
        self.__image = self.__image.filter(ImageFilter.CONTOUR)
        self.__im = ImageTk.PhotoImage(self.__image)
        self.clearPic()
        self.__showPic()

    def emboss(self):
        """生成图片浮雕效果"""
        self.__prior = self.__image
        self.__image = self.__image.filter(ImageFilter.EMBOSS)
        self.__im = ImageTk.PhotoImage(self.__image)
        self.clearPic()
        self.__showPic()

    def sharpness(self):
        """生成图片锐化效果"""
        self.__prior = self.__image
        self.__image = ImageEnhance.Sharpness(self.__image).enhance(5)
        self.__im = ImageTk.PhotoImage(self.__image)
        self.clearPic()
        self.__showPic()

    def brightness(self):
        """生成图片亮度增强效果"""
        self.__prior = self.__image
        self.__image = ImageEnhance.Brightness(self.__image).enhance(1.5)
        self.__im = ImageTk.PhotoImage(self.__image)
        self.clearPic()
        self.__showPic()

    def __makeWatermark(self):
        """制造水印"""
        text = tkSimpleDialog.askstring("Python Tkinter", "Input String", initialvalue = "WATERMARK")
        watermark = Image.new('RGBA', self.__image.size)
        font = ImageFont.truetype("SIMYOU.TTF",30)
        width, height = font.getsize(text)
        draw = ImageDraw.Draw(watermark, 'RGBA')
        x = (watermark.size[0] - width) / 2
        y = (watermark.size[1] - height) / 2
        draw.text((x,y),text, font = font, fill = "#21ACDA")
        watermark = watermark.rotate(23, Image.BICUBIC)
        alpha = watermark.split()[3]
```

```
        alpha = ImageEnhance.Brightness(alpha).enhance(0.5)
        watermark.putalpha(alpha)
        return watermark

    def watermark(self):
        """生成图片水印效果"""
        watermark = self.__makeWatermark()
        self.__prior = self.__image
        self.__image = Image.composite(watermark, self.__image, watermark)
        self.__im = ImageTk.PhotoImage(self.__image)
        self.clearPic()
        self.__showPic()

    def undo(self):
        """撤销上一步操作,不能撤销缩放操作"""
        image = self.__image
        self.__image = self.__prior
        self.__prior = image
        self.__im = ImageTk.PhotoImage(self.__image)
        self.__showPic()

    def handerClick(self,e):
        """鼠标单击左键回调函数"""
        self.clearPic()
        self.__showPic(e.x,e.y)

    def handerMove(self,e):
        """按住鼠标左键移动鼠标回调函数"""
        self.clearPic()
        self.__showPic(e.x,e.y)

    def createWidgets(self):
        """创建界面"""

        menubar = Menu(self.master)
        filemenu = Menu(menubar,tearoff = False)
        filemenu.add_command(label = u"打开", command = self.openPic, accelerator = 'Ctrl + N')
        filemenu.add_command(label = u"保存", command = self.savePic)
        filemenu.add_separator()
        filemenu.add_command(label = u"退出", command = self.quit)
        menubar.add_cascade(label = u"文件",menu = filemenu)
        self.master.config(menu = menubar)


        self.__canvas = Canvas(self,width = 600, height = 400 )
        self.__canvas.bind("< Button - 1 >", self.handerClick)
        self.__canvas.bind("< B1 - Motion >", self.handerClick)
        self.__canvas.pack()


        button = Button(self)
        button["text"] = u"清除",
        button["command"] = self.clearPic
        button.pack({"side": "left"})
```

```
        button = Button(self)
        button["text"] = u"缩小",
        button["command"] = self.zoomOut
        button.pack({"side": "left"})

        button = Button(self)
        button["text"] = u"放大",
        button["command"] = self.zoomIn
        button.pack({"side": "left"})

        button = Button(self)
        button["text"] = u"旋转",
        button["command"] = self.rotate
        button.pack({"side": "left"})

        button = Button(self)
        button["text"] = u"轮廓效果",
        button["command"] = self.contour
        button.pack({"side": "left"})

        button = Button(self)
        button["text"] = u"浮雕效果",
        button["command"] = self.emboss
        button.pack({"side": "left"})

        button = Button(self)
        button["text"] = u"锐化",
        button["command"] = self.sharpness
        button.pack({"side": "left"})

        button = Button(self)
        button["text"] = u"亮度增强",
        button["command"] = self.brightness
        button.pack({"side": "left"})

        button = Button(self)
        button["text"] = u"添加水印",
        button["command"] = self.watermark
        button.pack({"side": "left"})

        button = Button(self)
        button["text"] = u"撤销",
        button["command"] = self.undo
        button.pack({"side": "left"})

if ( __name__ == "__main__"):
    root = Tk()
    app = Application(master = root)
    app.mainloop()
    root.destroy()
```

各章习题参考答案

第 1 章

一、单项选择题

1. B   2. C   3. D

二、多项选择题

1. ABDE   2. ABC

第 2 章

一、单项选择题

1. D   2. A   3. B   4. A   5. A   6. C   7. B   8. A   9. A
10. B   11. A

二、多项选择题

1. ACD   2. ABC   3. BCDE   4. BC

三、判断题

1. 错 2. 对 3. 对 4. 对 5. 错 6. 错 7. 对 8. 对 9. 错 10. 错
11. 对 12. 对 13. 对 14. 错

第 3 章

一、单项选择题

1. A   2. B   3. C   4. D   5. D   6. C   7. A   8. B   9. C
10. C   11. C

二、多项选择题

1. ABD   2. ABD

三、判断题

1. 错 2. 对 3. 错 4. 错 5. 对

第4章

一、单项选择题

1. A　2. C　3. A　4. D　5. C　6. A　7. B　8. A

二、多项选择题

1. ACD　2. ABCD　3. ACD　4. ABCD　5. AB　6. CDE　7. ACE　8. ABCD

三、判断题

1. 错　2. 对　3. 对　4. 对　5. 对　6. 错　7. 错　8. 对　9. 对　10. 对

第5章

一、单项选择题

1. A　2. A　3. B　4. A　5. B　6. B　7. D

二、多项选择题

1. BCDE　　2. AB

三、判断题

1. 错　2. 对　3. 对

第6章

一、单项选择题

1. C　2. B　3. A　4. B　5. B　6. B　7. C　8. B　9. D
10. C　11. D　12. B　13. C　14. A　15. C

二、多项选择题

1. ABCD　2. BC　3. BCD　4. BC　5. ABCD　6. ABCD　7. ABCD
8. ABCD　9. BCD　10. ABCD

三、判断题

1. 错　2. 错　3. 错　4. 错　5. 对　6. 错　7. 对　8. 错　9. 对　10. 错

第7章

一、单项选择题

1. B　2. C　3. A　4. B　5. B　6. A　7. A　8. C　9. D
10. D　11. D　12. C　13. D　14. B　15. A　16. D　17. B
18. B　19. B　20. D

二、多项选择题

1. AC　2. ABC　3. AB　4. AC　5. BCD

三、判断题

1. 对　2. 对　3. 错　4. 对　5. 对　6. 错　7. 错　8. 错　9. 对　10. 对

第8章

一、单项选择题

1. D　　2. A　　3. B　　4. A　　5. A　　6. C　　7. D　　8. B　　9. B

10. A　　11. A　　12. C　　13. D　　14. D　　15. A

二、多项选择题

1. BCD　　2. ABC　　3. ABCD　　4. ABCD　　5. ACD

三、判断题

1. 对　2. 错　3. 错　4. 对　5. 错　6. 错　7. 对　8. 对　9. 错　10. 对

参 考 文 献

[1] 江红,余青松.Python 程序设计与算法基础教程[M].北京:清华大学出版社,2017.

[2] 何敏煌.Python 程序设计入门到实战[M].北京:清华大学出版社,2017.

[3] 董付国.Python 程序设计[M].北京:清华大学出版社,2016.

[4] 杨长兴.Python 程序设计教程[M].北京:中国铁道出版社,2016.

[5] 刘浪.Python 基础教程[M].北京:人民邮电出版社,2016.

[6] 江红,余青松.Python 程序设计教程[M].北京:清华大学出版社,2014.

[7] 夏敏捷,杨关,张慧档,等.Python 程序设计——从基础到开发[M].北京:清华大学出版社,2017.

[8] 刘卫国.Python 语言程序设计[M].北京:电子工业出版社,2016.

[9] 余本国.Python 数据分析基础[M].北京:清华大学出版社,2017.

[10] 秦颖.Python 实用教程[M].北京:清华大学出版社,2016.

[11] Magnus Lie Hetland.Python 基础教程[M].2 版.司维,曾军崴,谭颖华,译.北京:人民邮电出版社,2014.

[12] 董付国.Python 可以这样学[M].北京:清华大学出版社,2017.

[13] Wesley Chun.Python 核心编程[M].3 版.孙波翔,李斌,李晗,译.北京:人民邮电出版社,2016.

[14] Laura Cassell,Alan Gauld.Python 项目开发实战[M].高弘扬,卫莹,译.北京:清华大学出版社,2015.

[15] Mark Lutz.Python 学习手册[M].李军,刘红伟,译.北京:机械工业出版社,2011.

[16] David Beazley,Brain K Jones.Python Cookbook 中文版[M].3 版.陈舸,译.北京:人民邮电出版社,2015.

[17] Mark Lutz.Python 编程[M].4 版.邹晓,瞿乔,任发科,译.北京:中国电力出版社,2014.

[18] Jacqueline Kazil,Katharine Jarmul.Python 数据处理[M].张亮,吕家明,译.北京:人民邮电出版社,2017.

[19] Toby Donaldson.Python 编程入门[M].3 版.袁国忠,译.北京:人民邮电出版社,2013.

[20] Magnus Lie Hetland.Python 算法教程[M].凌杰,陆禹淳,顾俊,译.北京:人民邮电出版社,2016.

[21] Fabio Nelli.Python 数据分析实战[M].杜春晓,译.北京:人民邮电出版社,2016.

[22] Steven Bird.Python 自然语言处理[M].陈涛,张旭,崔杨,等,译.北京:人民邮电出版社,2014.

[23] 吴萍.算法与程序设计基础 Python 版[M].北京:清华大学出版社,2015.

[24] 张若愚.Python 科学计算[M].2 版.北京:清华大学出版社,2016.

[25] Mark Summerfield.Python 编程实战[M].爱飞翔,译.北京:机械工业出版社,2014.

[26] 李东方.Python 程序设计基础[M].北京:电子工业出版社,2017.

[27] Hemant Kumar Mehta.Python 科学计算基础教程[M].陶俊杰,陈晓莉,译.北京:人民邮电出版社,2016.

[28] Bill Lubanovic,Python 语言及其应用[M].丁嘉瑞,梁杰,禹常隆,译.北京:人民邮电出版社,2016.

[29] Katie Cunningham.Python 入门经典[M].李军,李强,译.北京:人民邮电出版社,2014.

[30] Paul Barry.Head First Python(中文版)[M].林琪,郭静,等,译.北京:中国电力出版社,2012.

[31] 胡松涛.Python 网络爬虫实战[M].北京:清华大学出版社,2016.

[32] David M. Beazley.Python 参考手册[M].4 版.谢俊,杨越,高伟,译.北京:人民邮电出版社,2016.

[33] 张志强等.零基础学 Python[M].北京:机械工业出版社,2015.

[34] Steven F Lott.Python 面向对象编程指南[M].张心韬,兰亮,译.北京:人民邮电出版社,2016.

［35］ Allen B Downey. 像计算机科学家一样思考 Python［M］. 2 版. 赵普明，译. 北京：人民邮电出版
社，2016.

［36］ 于京，宋伟. Python 开发实践教程［M］. 北京：水利水电出版社，2016.

［37］ 冯林. Python 程序设计与实现［M］. 北京：高等教育出版社，2015.

［38］ Eric Matthes . Python 编程从入门到实践［M］. 袁国忠，译. 北京：人民邮电出版社，2016.

［39］ Wes McKinney. 利用 Python 进行数据分析［M］. 唐学韬，等，译. 北京：机械工业出版社，2014.

［40］ Daniel Liang. Python 语言程序设计［M］. 李娜，译. 北京：机械工业出版社，2015.

图 书 资 源 支 持

感谢您一直以来对清华版图书的支持和爱护。为了配合本书的使用，本书提供配套的资源，有需求的读者请扫描下方的"书圈"微信公众号二维码，在图书专区下载，也可以拨打电话或发送电子邮件咨询。

如果您在使用本书的过程中遇到了什么问题，或者有相关图书出版计划，也请您发邮件告诉我们，以便我们更好地为您服务。

我们的联系方式：

地　　址：北京市海淀区双清路学研大厦 A 座 714

邮　　编：100084

电　　话：010-83470236　010-83470237

客服邮箱：2301891038@qq.com

QQ：2301891038（请写明您的单位和姓名）

资源下载：关注公众号"书圈"下载配套资源。

资源下载、样书申请

书圈

获取最新书目

观看课程直播